漫话人间清醒

莫　杨◎著

中国宇航出版社
·北京·

图书在版编目（CIP）数据

漫话人间清醒 / 莫杨著. -- 北京 : 中国宇航出版社, 2025.1
ISBN 978-7-5159-2336-9

Ⅰ. ①漫… Ⅱ. ①莫… Ⅲ. ①人生哲学—通俗读物 Ⅳ. ①B821-49

中国国家版本馆CIP数据核字(2024)第030740号

策划编辑　吴媛媛　　封面设计　王晓武
责任编辑　吴媛媛　　责任校对　谭　颖

出版发行　中国宇航出版社
社　址　北京市阜成路8号　　邮　编　100830
（010）68768548
网　址　www.caphbook.com
经　销　新华书店
发行部　（010）68767386　（010）68371900
（010）68767382　（010）88100613（传真）
零售店　读者服务部
（010）68371105
承　印　北京中科印刷有限公司
版　次　2025年1月第1版　2025年1月第1次印刷
规　格　880×1230　　开　本　1/32
印　张　5.625　　字　数　192千字
书　号　ISBN 978-7-5159-2336-9
定　价　49.80元

本书如有印装质量问题，可与发行部联系调换

前　言

在人生旅途中，清醒是一种难得且珍贵的状态。但谁又能一直保持清醒？我们只能不断通过自身的内省和外界的提示，让自己跳脱出眼前的纷繁，尽量保持清醒罢了。

那么，何谓“人间清醒”？这个词语源于网络和生活，是对那些能够清晰洞察现实、深刻领悟事理之人的描述。他们面对复杂的局面和群体的压力，不被表象迷惑，不为情绪困扰，具有明辨是非的能力以及理性思考的态度。人间清醒，不仅是对外部事物的观察和认知，更是对自我的剖析与反思。相信很多人都会将这一特质视作某种智慧或成熟的标志。

生活在社会之中，我们无时无刻不在感受世界的复杂多变。面对庞杂的信息和形形色色的人，许多人会感到迷茫。不论瞬息万变的社会动态，还是个人生活中的种种挑战，每个人都有陷入困境的时候。在快节奏、高压力的社会中，许多人在他人的期望和社会标准中迷失了自我。

有的人在追求成功、优秀和幸福的过程中，忽视了自己的真实感受和内心需求；有的人遇到些许纠纷，就陷入情绪困扰中久久不能自拔。在这个信息爆炸的时代，人们极易陷入盲信和盲从中，不知如何分辨真伪，往往随波逐流。而那些能在喧嚣中保持独立思考、做出明智决策的人，不仅源于丰富的阅历和知识，更取决于内在的觉醒。他们深知世事无常，却不盲目悲观；他们懂得生活艰难，却能从容应对。

保持“人间清醒”，并非某些人天生具备的能力，它往往需要我们在日常生活中通过学习、反思和实践来逐渐提升。这是一种保持内心澄澈、明辨事理、知行合一的处世方式，它不仅可以帮助我们在人生道路上少走弯路，更能让我们以理性的心态去面对生活中的种种挑战。

希望本书能给读者带来一些启发，让大家领悟到“人间清醒”的状态对个人成长与幸福生活的重要意义，并在日常生活中实践这种智慧，使我们的人生之路更加通透而富有意义。在这段旅程中，让我们一起探寻内心深处的价值判断，寻找真正适合自己的人生之路，从而抵达宁静与满足的彼岸。

目 录

第一章 自我认知 1

1.认识自己 2
2.不看低自己 7
3.不要自找苦吃 11
4.了解自己的能力与性格 14
5.接纳自己 17
6.找到适合自己的舞台 20

第二章 人生规划 23

1.不是所有的事都不求回报 24
2.做好自身规划 26
3.为杂乱的想法排序 29
4.提高自控力 32
5.保持高效行动力 35
6.及时评估与调整 38
7.借助别人的力量 41
8.享受工作与收入 43

第三章 47
人际关系

1.实力是人际关系的基础 48
2.信用是打开人际关系大门的钥匙 51
3.做好自我保护 54
4.识别“小人” 58
5.关系比道理更重要 61
6.提高“见好”的能力 65
7.解决冲突 68

第四章 71
财务管理

1.建立正确的消费观念 72
2.认清消费陷阱 76
3.收入不等于财富 79
4.配偶对财富的影响 82
5.家庭财务规划 85

第五章 89
时间管理

1.以目标为前提 90
2.四象限法则 93
3.善用工具 96
4.手机瘾的断舍离 99
5.如何管理别人的时间 102
6.利用上下班路上的时间 104
7.远离“拖延症” 106

第六章 109
恋爱关系

1.爱情的美好 110
2.无限接近幸福 113
3.恋爱中的两性差异 116
4.恋爱的不同阶段 119
5.浪漫约会 122
6.爱情保鲜 125
7.恋爱的寒冬 128

第七章 131
应对挑战与变化

1.接受不可避免的一切 132
2.不要内耗 135
3.更换赛道 139
4.提高逆商 142
5.处理事情的七问分析法 145
6.寻求支持 148
7.拓宽视野 151

第八章 153
智慧生活

1.追寻理想的生活 154
2.平衡家庭与事业 157
3.保持松弛感 161
4.保持身心健康 164
5.做个情绪稳定的人 166
6.为生活留白 169

第一章

自我认知

1.认识自己

认识自己，改造自己，是我们努力追寻的目标。

认识别人难，认识自己更难。从心理学角度看，自我认知是个体发展的核心。一个人能不能把握好人生发展的方向，关键要看能否正确地认识自己。自我认知涉及一个人如何看待自己的内心状态、能力、情感和行为，以及如何在与环境和他人的互动中理解自己，这也就是所谓的对自己的价值观的探索。

《道德经》里有句话说得好："知人者智，自知者明。胜人者有力，自胜者强。"这句话的意思是：能够了解他人是一种智慧，但能够认识自己才是明智。战胜别人说明你有力量，但战胜自己才是真正的强大。

自我的结构可分为五个部分。

一是物质自我，即从身体层面看自己。

二是心理自我，即从心理层面看自己的心理状态，比如信念、价值观、人格特征。

三是社会自我，即自己身处的社会如何看自己，自己能否意识到这个层面。

四是理想自我，即思考“我该是什么样的”，并期待自己成为这样的人。理想自我与现实自我的差距，往往驱动着个体行为。

五是反思自我，即自己如何评价他人和社会对自己的看法。这是自我概念反馈的层面。

可以思考以下问题：

» 我是一个怎样的人？

» 我想成为怎样的人？

» 我的长处在哪里？

» 我的弱势在哪里？

» 我的兴趣在哪里？

» 哪些领域是适合我的？

» 我的知识结构是怎样的？

» 哪些人能够助我成功？

» 我的哪些习惯是成功的大敌？

» 哪些地方、哪些人是我应该避之不及的？

请拿出纸和笔，在10分钟内，写出以上问题的答案，看看你是不是对自我有更清晰的认识。认识自己，才能“对症下药”；认识自己，才能知行合一，在内心和外在行为上保持一致，才能成为自己期待的样子。

认识自己，改造自己，是我们努力追寻的目标。

从社会学角度来说，可以通过多个途径认识自己。

第一，在和别人的比较中认识自我。通过比较，可以帮助自己发现不足，进而思考如何改进。

我有一个朋友叫小孟，他大学刚毕业，觉得自己英语能力还可以，平时考试成绩也不错，应聘时非常自信。他刚工作一个多星期，有一次在加班时，突然接到一个外国版权方打来的电话。由于当时办公室里只有他一个人，所以他只能自己独立解决问题。

这是他第一次与外国客户用英语沟通，他没有任何准备。对方说了一大堆专业术语，一大半他都听不懂，他急得抓耳挠腮。此时，看到对面办公室有一位经理也在加班，他仿佛发现了一根“救命稻草”。情急之中，他让对方稍等一会儿，自己冲到对面办公室紧急求救。那位经理跑过来救急，很快在电话中沟通完毕。

经过这次事件，小孟才发现自己在专业英语上的欠缺。在与别人的比较中，他认识到自己的工作能力并不如自己的感觉那么良好，必须继续学习和提高。

我们要学会欣赏别人，也需要从容地面对自己遇到的挑战，在自我改造的过程中提高自己和肯定自己。

第二，从别人的评价中认识自己。别人是我们的一面镜子，听听别人的评价，能帮助我们从多个角度客观认识自己。

请一定记住，当别人指出我们的问题时，不要急于争辩，也不要愤怒。如果现在还有人直言不讳地挑你的毛病，我们应当在心里，甚至在语言上感谢他。随着年龄的增长，身边敢说“难听的真话”的人越来越少，我们应该珍惜这种机会。

记得两年前有一天，我跟两个年轻的朋友一起出去考察一个新项目。我开车到了目的地，大步流星地领着他们走出停车场。这时，其中一个朋友拍拍我的背，大声说：“你怎么老是驼着背啊？”另一个朋友看看我，也点点头。我感觉他也早就看出来了，但一直没好意思说。

这是我人生中第一次有人把我的体态问题直白地告诉了我，我以前从来没意识到自己驼背。“我竟然驼背？”我惊呆了！自从那天起，我开始有意识地挺直腰板走路，也再没有朋友指出过这个问题。

别人对我们好的评价，一定会激发我们保持优秀的状态，不好的评价则给了我们宝贵的学习和改进机会，帮助我们做更好的自己。

第三，从自己的实践中认识自己。我们做过哪些影响人生发展的事情？我们擅长什么？在哪些事情上做得不够好？通过回顾自己走过的道路来认识自己，审视自己的长处与不足，接受自己并不完美的地方，从实际出发，从自己现有的条件出发，制订适合自己的人生目标，才能实现自己的人生梦想。

有一位作者，他以前是学土木工程专业的。大学毕业后在攻读研究生期间，他参与了一个绘本工作室的工作。在那里，他重新拿起了自己儿童时期喜爱的画笔，脑海中那些天马行空的故事情节和五彩斑斓的画面纷纷跃然纸上。

虽然他在土木工程专业已经学习了多年，但成为绘本作家的梦想一直深埋在他心中。在他真正接触到绘本专业工作的时候，被绘本深深吸引，内心仿佛瞬间被点燃，他意识到自己找到了未来真正想要投身去做的事情。

于是，他毅然放弃了土木工程专业，全身心投入绘本创作。不久之后，他如同一匹黑马在绘本界横空出世，很多作品一出版就荣获了多项大奖，成为一名富有个人特色的绘本作者和画家。

认识自己是一个持续的过程，需要时间和耐心，也需要诚实地面对自己的内心。这个过程不仅能帮助我们更好地理解自己，还能提升个人发展的质量，在自己擅长的领域取得不俗的成绩。

当我们真正了解自己时，也会更加宽容地看待别人，因为我们知道，每个人都有各自独特的一面。

2.不看低自己

别看低自己，每个人都不喜欢尘埃中的自己。

如果我们认为别人瞧不起自己，那一定是我们先否定了自己，才给了别人瞧不起自己的权利。我们时常被各种各样的标准和比较所包围，无形的压力往往会让我们产生自我怀疑，甚至看低自己。这些内心深处的消极想法，可能源于过去的经历、外界的评价或自身的不安全感。

我认识的一个女孩小琴，很年轻，学历不高。到北京学了一些技术之后，好不容易找到一份还算满意的工作。她觉得以自己的条件，能拥有这份工作全靠自己的直接领导——部门主任的栽培，没有主任就没有自己这个职位。但其实，小琴更应该感谢自己的能力，以及公司对这个部门岗位的需求。

正式上班之后，小琴天天给主任擦桌子、扫地，为主任收拾办公室里的物品。主任不仅从来不感谢她，还经常找机会责怪她。换作别人，批评几次之后，也许再也不会干这些吃力不讨好的事了，因为这本来就不是员工的分内工作。小琴却总是诚恳地接受主任的批评，并在赔不是后，继续每天给主任收拾办公室，殷勤地擦这儿擦那儿。在工作上，她更是事事听命于主任。就算是主任指挥错误，办错了事情，让她挨骂，她也会忍着一肚子气，把责任揽到自己身上。

长此以往，主任总是颐指气使地训斥她、责骂她，小琴就更加自卑了。而且主任做事的方式经常与公司理念背道而驰，有的事情还让小琴替自己“背黑锅”。其他同事非常不理解，这些事情如果发生在其他人身上，肯定要跟主任理论清楚，大家不知道小琴为什么要这么低三下四地去维护和讨好主任？

小琴的一系列表现说明她内心深处非常自卑，总是觉得自己不如别人好，要多忍让，抱好主任这条“大腿”才能继续拥有这份不错的工作。主任也是吃准她自卑的心理和讨好型人格，不仅自己越来越嚣张，还肆意践踏她的尊严。可见，一个人从心底里看低自己，是走进失败的人际关系的根源。

小琴用对别人无尽的付出，来填补自己内心的不安全感，把希望寄托到别人身上，得到的却是一次次的伤害。因为自己内心的不安全感，导致在工作中把自己的尊严交出去，这样的牺牲不值得。

请爱自己，尊重自己，接纳自己，不委屈自己，不用控制与讨好的方式去处理人际关系。当别人对我们造成伤害时，要立刻制止。伤害我们的人，不值得获得我们的爱。

即使生活一地鸡毛，也要把它扎成鸡毛掸子。上天给了我们一手差牌，也要努力打好它，大不了重新洗牌。

请列出自己的长处，无论大小都值得记录，把自己的优点牢牢地刻在心里。坦然接受别人的赞美，积极地自我对话，有能力就会被别人认可。

一定要提高自己的工作能力，不断地设立小目标并完成它们，把未来掌握在自己手中。一个人的安全感不是靠别人给予的，而是需要自己内心强大起来，给予自己强有力的支撑。

活得万丈光芒，美好的事情便会自然而来。

一位总统夫人去买花，花店的老板对她说："你真幸运，嫁给了一位总统！"她微微一笑，对花店老板说："如果我嫁给你，你也可能会当上总统。"

从这里可以看到总统夫人多么自信——"不是我嫁给谁我才幸福，我依附于谁我才得到快乐，而是我嫁给谁，谁会更幸福，我嫁给谁是谁的福气。"

拥有这份自信，本身就是一种幸福。这样的人，不管发生什么事情，都相信自己、爱自己，同时用自己强大和美好的气场影响和感染着身边的人。

无论我们是在顺境还是逆境，自信和努力都是永远都不能丢掉的。它们就像一把保护伞，让我们无论在什么情况下，都能以美好的姿态走下去。

充实和笃定的内心，可以为我们创造美妙的一生。

3.不要自找苦吃

不要自找苦吃，学会智慧地面对生活。

在日常生活和工作中，我们常常会面临各种选择和挑战。有时，出于冒险精神或一时冲动，我们会做出一些可能带来痛苦和麻烦的决定。长辈或朋友有时会善意地提醒我们一句：“不要自找苦吃。”这句话说起来简单，却蕴含了深刻的人生智慧，提醒我们要理性、明智地面对生活。吃苦固然可以，但不可盲目为之。

一位家长，希望自己的孩子长高，于是给孩子报了篮球和羽毛球培训班。在小学阶段孩子一直坚持这两项训练，然而与同龄人相比，孩子的个子并没有明显长高，甚至略显矮小。

转眼，孩子上了中学。中学课余时间非常紧张，每天写完作业就很晚了，周末的休息时间也很少，孩子再去参加培训就感觉非常疲惫。另外，中学每天都有一两个小时的体育锻炼时间，因此孩子对篮球和羽毛球培训班有了抵触心理，开始拒绝去上课。可是家长总觉得孩子身高不够，需要多去打球、多运动促进生长发育，因此坚持让孩子上篮球和羽毛球培训班。

家长抱怨孩子不听话，别的家长听到后提醒说："其实不必一直跟身高这个问题较劲，身高跟遗传有很大的关系，你自己身高就不高，即使让孩子天天从早蹦到晚，也很难突破遗传的限制。孩子健康快乐就好，干嘛非要长那么高呢？不要给孩子硬加上这种心理负担！"

的确如此，这位家长过分执着于一个事情不放手，这无异于是在自找苦吃，给自己和孩子增加本不必要的痛苦。

总有人为了在单位里表现得更加出色，主动牺牲自己的休息时间，谁给他加任务他都接受，自己根本完成不了的事情也全盘接受，导致肩膀上永远挑着没完没了的担子，长期加班加点工作。虽然他们在短期内获得了公司领导和同事的认可，可是久而久之，繁重工作会让身体不堪重负，甚至出现危险的身体信号。

如果我们在日常工作中合理安排工作和休息时间，就不会如此疲惫不堪，身体健康也不会受到损害。工作是永远也做不完的，我们每天都需要完成一些小目标，在规划的时间段内完成一个大目标。如果领导和同事交给自己的工作超过自身的承受能力，不要不好意思开口拒绝，可以寻求他人一起分担。全然接受只会苦了自己，还无法获得有效的工作成果。对于工作，我们需要抱有长期思维，很多工作需要日益精进，而不是为了逞强，在短短的时间内把自己耗干。

有些人认为人生来就是吃苦的，生活本该艰辛，应咬紧牙关，没苦硬吃，就像一则寓言故事里提到的一种虫子。这种虫子喜欢背负东西，在爬行时碰到东西，它总是会抓过来背在自己身上。结果东西越背越多，重量越来越沉，不过即使它非常劳累，也乐此不疲。它常常被自己背上的东西压倒在地，爬不起来。有人可怜它，把它背上的东西去掉一些，但它仍会继续给自己的背上增加新的负担。这种虫子还喜欢往高处爬，尽管它用尽了所有的力气，结局仍然是跌落下来摔死在地上。

人的很多痛苦来源于执念，包括对某些人的执着，对某些事的控制，对某些物的欲望。过度的要求有时会适得其反，不要总是为满足无休止的欲望而患得患失。“不要自找苦吃”，这句话提醒我们，在做事前要权衡利弊，正确评估自己的能力，避免因短视或固执而造成更大的麻烦和痛苦。

4.了解自己的能力与性格

往前走的时候，别忘了回头看看自己。

了解自己的能力，是个人成长和职业发展中极为重要的一环。通过深入了解自己的长处和短处，不仅可以制订更有效的目标，还能更好地发挥自己的潜力。

分析自己的能力限度，知道自己能做什么，不能做什么，擅长什么，不擅长什么，这都是很重要的自我认知。年轻时，我们总觉得自己无所不能。随着心智的成长，在社会上接受的考验多了，我们会慢慢意识到自己的能力边界。

有一位大学生想申请去研究所深造，起初申请的好几所都没有通过，不过他没有气馁，一直努力，最后申请的几所都成功了。

有朋友跟他聊起关于申请过程的事情，他说："如果现在让我申请前面的那几所研究所，我也能通过。”朋友不明白，问他：“你现在有什么新的成就吗？”他说：“没有。只不过在我写申请书的过程中，我不断地介绍自己，分析自己，所以对自己的了解更加清晰，也更加确定自己的职业方向。这样，在我写申请的时候就更有说服力。”

以前，他一直大步流星地拼命向前走，没有好好地回头看看自己。现在，经过多次自我分析和来回打磨，他已经非常清楚自己的能力，对未来想走的路也有了更加清晰的认识。

我们可以准备一份成长日志，记录自己每次重要的经历以及心得体会，从中观察自己的成长轨迹。我们也可以寻求他人的反馈，对于建设性的批评意见要虚心接受，思考如何改进。我们还可以通过参与不同类型的项目和任务，积累实践经验，不断摸索自己在哪些方面更有优势。

能力与性格是构成人格的重要组成部分，我们不能只关注能力而忽略性格对一个人的影响。在我们的成长、学习、工作以及人际关系中，能力和性格都发挥着重要作用。如今很多人都会用一些性格测试指标来判断自己的性格，比如迈尔斯－布里格斯类型指标（Myers–Briggs Type Indicator，MBTI），是由美国作家伊莎贝尔·布里格斯·迈尔斯和她的母亲凯瑟琳·库克·布里格斯共同制订的一种人格类型理论模型。这种测试方法从不同的维度来分析一个人的特质，我们也可以根据自己的特点，来选择不同的工作和生活方式。了解自己，才能拥有更适合自己的人生道路。

不可否定的是，能力与性格之间也是相互影响的，一个人的能力在某种程度上会塑造他的性格。能力的获得往往需要经历长时间的学习、实践和磨炼，这个过程不仅锻炼了人的意志和毅力，也培养了人的耐心和谦虚。一个有能力的人，往往深知自己的不足和局限，因此更加懂得尊重他人、倾听他人，从而更容易形成平和的性格。

性格也会影响能力的提升。比如乐观、开朗的性格，能够让人在面对困难和挑战时保持坚韧不拔的精神，从而更有可能克服困难，提升能力。同时，好的性格还能让人在人际交往中更加得心应手，从而获取更多的资源和机会，为能力的提升创造有利条件。

我们在培养自己能力的同时，也是在塑造自己的性格。一方面，我们要通过学习和实践不断提升自己的能力；另一方面，我们也要注重培养自己更优秀的性格品质。只有这样，才能在能力和性格上达到一种和谐的状态，更好地应对生活中出现的挑战和困难。

5.接纳自己

接纳自己的不完美。

何谓自我接纳？就是以一种积极的心态看待自我及其一切自我特征，这是一种欣然接受现实自我的态度。自我接纳是对自己全然无条件地接受。

当今社会，外界的标准和期望常常让我们感到压力重重。不论是来自家庭、职场，还是社交网络的各种声音，都可能令我们对自身产生怀疑。在这一片喧嚣中，自我接纳是一种宝贵的心灵修行，它不仅可以给我们带来内心的平静，也能帮助我们发掘内在的力量。

有一位脱口秀演员，他患有一种先天性的神经系统疾病，手和腿的肌肉缺乏力量，走路一瘸一拐；面部歪斜，说话费劲，吐字不清，类似小儿麻痹症的症状。

一般人得了这种病，可能都不太愿意出门见人，平时尽量少说话，不想在大庭广众下暴露自己的缺陷。但是，这位演员却因为喜爱脱口秀而站到了舞台上。他全然接纳自己的身体缺陷，还会以幽默的方式调侃自己的症状，把观众逗得哈哈大笑。有的人把他的一些自嘲的笑话称为“地狱笑话”。

他仿佛在用这样的方式给自己脱敏，不仅不羞于提起这些话题，反而让他的脱口秀内容更加有趣。这位演员还在网上举办了模仿他脱口秀表演的比赛，他不怕别人模仿他与众不同的样子，而是大大方方地评价谁模仿得好。从这里可以看出，这位演员全然接纳了自己，用放松的心态面对大家对他的“好奇”。

面对缺陷，大多数人都会想方设法去掩饰。掩饰缺陷也是人的天性，毕竟敢在大庭广众之下袒露自己缺陷的人着实不多，需要无比强大的自信和勇气。人的一生或多或少都存在一些缺憾，有缺憾并不可怕，可怕的是刻意掩饰，自欺欺人。

如果永远不能正视自己的缺陷，那才是一生的缺憾。一个能完全接纳自己的人，会对给自己画肖像的画家说：“一定要画出最真实的那个我，不要回避我的缺陷，否则那不是我。”

每个人都有独特的生命轨迹和成长经历，与其不断地将自己与他人进行比较，不如关注自身的发展目标，与过去的自己对比，不断地发现自己的独特之处，并学会珍视它们。我们的语言习惯往往会影响思维方式，平日应该多用积极、自信的话语来代替负面、自贬的话语。例如，遇到挫折时，可以告诉自己“这是一个学习的机会”，而不是“一场失败”。

自我接纳是一份宝贵且必需的礼物，它不仅是一种心理技巧，更是一种生活态度。当我们真正接受自己，将会发现内心变得更加宁静有力。内心这种宁静的力量，会成为应对未来一切未知的重要基石。

每个缺点背后都隐藏着优点，当一个人懂得承认自己的不完美，也就离真正的完美不远了。

6.找到适合自己的舞台

在适合自己的舞台上，演出属于自己的精彩。

在不断探索自我、认识自我、接纳自我之后，需要找到适合自己的舞台，因为成长与发展才是我们的人生目标。人生就像一场大戏，在属于自己的人生舞台上，我们是唯一的主角。在人生的舞台上，我们要有热情，要用独特的内涵赋予自己主角光环，不要盲目跟风去复制别人的剧本，而是要演绎出属于自己的精彩。

史蒂夫·乔布斯就是一位对自己的未来定位非常明确的人，他一旦认准一个目标，就会想办法寻找一切资源去实现。

他很早就发现了自己对机械和计算机感兴趣，而且喜欢简单至极的风格。上大学时，他有选择性地放弃了一些课程，专注于自己感兴趣的那些科目，比如与计算机相关的课程。

毕业后刚上班的时候，他总被领导和同事嫌弃不修边幅，与人沟通不畅。但他并不被外界的评论影响，只专注于自己的目标，对计算机和设计保有高度热情。他不喜欢市面上的计算机和手机，觉得界面太烦琐。

后来，他创立了著名的苹果公司，引领消费者接受全新的计算机和手机系统，并且大获成功。他还收购了皮克斯动画工作室，设计出精彩纷呈的动画。乔布斯就是找到了自己可以为之奉献一生的舞台。

一个人能找准自己的事业方向，是一件非常幸运的事，这意味着他比别人少走了很多弯路。

首先，我们需要了解自己的性格、兴趣、能力和价值观，这是找到适合自己舞台的基础。明确了自己的定位后，接着便是设定人生目标。目标是前进的方向，也是实现价值的动力来源。最后，要根据自己的实际情况，制订切实可行的短期和长期发展目标，不断挑战自我，激发自己的潜能。

年轻的时候，大家都有试错的机会。但是，一旦选定了目标，就应该把握好自己的方向，不要随波逐流。要用自己的热情点燃自己和身边的人，让自己的人生舞台绚烂多彩，让自己在竞争激烈的环境中脱颖而出。只要我们不断探索，勇于尝试，坚持不懈地努力，就必定能上演一场精彩的人生大戏。

哪怕遇到困难，遇到冷场也没关系，什么戏都有中场休息的时候，攒足精神后再登台。人生不怕谢幕，就怕不再起舞。

正如有人所说，理想人生就是为了实现理想而奋斗的人生。

第二章

人生规划

1.不是所有的事都不求回报

不要道德绑架，有时候追求回报是一件正常的事。

从小到大，我们常常听到一种声音："做好事不求回报"。甚至被教育不只是"做好事"不求回报，而是"做什么事都不求回报"。这种观念鼓励了无私奉献的精神，但它真的适合所有的情境吗？这种声音是否压制了个人的真实需求、发展和情感表达呢？

无私奉献是一种高尚的品质，许多人因为具备这种品质而得到了大家的尊重和赞誉。无论是在朋友之间，还是在单位里或是社会上，无私付出的人总能给大家带来温暖人心的力量。我们常常看到新闻报道，很多热心人默默地奉献着自己的时间和精力，尽力帮助大家，令人钦佩。

然而，在提倡无私奉献精神的同时，我们也不能忽视这样一个事实：每个人都有自己的需求和期望。如果一个人长期处于一种只付出不求回报的状态，很容易感到疲惫、失落，甚至产生心理上的不平衡。

事实上，健康的人际关系是基于双方互相给予与接受之上的。有时候，“不求回报”的观念会被某些人当作道德绑架的工具，让别人为自己做更多的事情。当我们面临这样的情况时，应该有勇气和智慧去拒绝，而不是一味地迎合别人的要求。

不管是在职场上，还是在家庭生活中，我们都有权利提出自己的意见，与其他成员进行平等沟通，让对方了解自己的需求和感受。人生的时间是有限的，如果一个人对自己的行动没有规划，走一步算一步，想干什么就去干，谁让帮忙都有求必应，对自己付出的时间和精力都不求回报，一切随缘，那会浪费很多时间。一个人有自己清晰的人生规划，才能成为自己的主宰。

不做“不求回报的人”，并不是提倡自私，而是呼吁我们在付出的同时，也要关注自己需求，努力实现人与人之间更为健康、持久的互动关系。在这个过程中，我们不仅能体会到帮助他人的快乐，也能获得应有的尊重和认可，更加充实地享受生活。

同时，我们也要对花在自己身上的时间和精力负责，做事要有明确的目标，而不是各种事情随便试试，干一天是一天，不求自己得到成长与发展的回报。

希望我们在对自己的人生有所规划的前提下，让自己也能有更多的收获。

2.做好自身规划

每个人都是自己人生的设计师。

每个人都想“仰望星空”，但也要“脚踏实地”，因此我们需要有长期规划与短期规划。

人生规划，就是利用自身的有限资源，盘活自己的未来。做人生规划，是在人生不同阶段设定目标和策略的过程，目的是实现个人的愿景和追求，包括个人成长、职业发展、财务管理以及家庭生活等方面。

社会变化日新月异，变化可能已经成为生活本身。在这个飞速变化的时代，我们该怎么制订自己未来的规划呢？人生规划与时间管理分不开，规划不是把一年 365 天安排满，而是应该分门别类，明确各个领域的发展目标，比如，制订工作创收类计划、成长学习类计划、日常生活类计划以及娱乐休闲类计划。

如果我们花在家庭生活和娱乐上的时间过多，那就没有时间用来学习专业知识，提升自我价值。如果把大量时间用来学习，又会占用工作创收的时间，而我们所有的事情都要有经济基础作支撑。

每个人每天拥有的时间都是固定和有限的，除去睡觉和娱乐休闲的时间，就是创收、成长和日常生活三部分。无论我们每天有多忙，只有收入大于消费，生活才能可持续发展。如果还有自我投资的成长类需求，收入至少得是消费的两倍，才能拿出投资自我的资金和时间。

规划需要主次分明，这样才能平衡自己每个阶段的行动计划。工作创收类计划肯定占比最大，然后是学习成长类计划，接着是日常生活类计划，最后才是娱乐休闲类计划。

比如，从“不具备某种能力”到“掌握某种能力”，从“不清楚某方面信息”到“非常了解某方面信息”，从“缺少某种资源”到“增加某种资源”，就要分析自己还需要掌握多少自己目前不具备的能力？通过什么渠道去掌握这些信息？每天或每个星期需要投入多少时间与精力？通过什么方式去提升自己？根据时间轴，确定何时达到何种标准？计划做好后，就要一步一步去实现目标。

根据 SMART 原则来制订具体的、可衡量的、可实现的、与其他目标相关并且有时效性的目标，才能让规划更具可操作性。例如，把“我想要变得更苗条”这样模糊的愿望，转化为“每天坚持锻炼 30 分钟，并在 3 个月内减掉 10 斤”这样具体的目标。

我们还要识别自己实现目标的障碍，以及哪些资源可以帮助我们迎接挑战。比如，是否需要接受技能培训？哪些机构可以提供支持？明确各方面的支持因素，可以为潜在困难提前做好应对准备。

我们要清楚的是，同质化的学历，同质化的精英进阶路线，已无法保证高质量的生活。我们还应该放下学历枷锁，规划好自己的职业方向，根据实际需求掌握相关技术本领，在实践中不断地学习和创新，才能在当下残酷的竞争中脱颖而出。

面对经济、技术、环境这三重影响，抱有积极向上的心态，不断去适应环境，保持自我驱动和终身成长，才是通往美好人生的持续力量。

3.为杂乱的想法排序

在想到和做到之间，要规划好顺序和时间。

日常生活中，我们可能会因为某个人、某件事或某部电影产生新的想法，进而重新思考自己未来的发展方向。有时候，各种杂乱的想法越来越多，甚至会打乱生活节奏。想法很多、很抽象、很混乱，会让人变得心浮气躁，不知如何是好。其实，很多人生活中都会出现这种情况。

出现这种情况的时候，我们应该定期整理内心积攒的心念。首先，请拿出一小段时间，找一个安静的环境，写下自己各种乱七八糟的想法，把担心、焦虑、新点子、期待、憧憬、想做的事情……统统写下来，完成与自己内心的对话。想法是无形的、抽象的、混乱的，不易被看到的，但通过写下来的这个过程，让想法可以看得到，变得具体，便于对各种想法进行整理。

这些想法可能与职业发展、个人收入有关，可能与兴趣爱好、家庭生活有关，也许关系自己的身心健康。刚开始写的时候，可能发现有很多东西要写，一时写不完。没关系，隔几天继续写，一直写到没什么可写时为止。写着写着，可能还会冒出更多的创意组合，这是一种很好的“思想倾泻”。

写出自己的杂乱想法之后，请给自己一个冷静期，比如一两周的时间，之后把这些文字拿出来看看。回头再看的时候，可能其中有很多想法已经在心里消失了，当时心里纠结的想法现在已经不再重要。不过，那些现在还在认真思考的想法，大家就可以列入计划，适时将其付诸行动了。确定真正想做的事，接下来就可以按照优先级归类排序。

可以把这些内容按照工作事项和个人事项进行分类整理，同时备注其属于短期事项还是长期事项。最后，考虑现在应该着手做哪些任务，哪些任务可以委托他人完成，或者可以推迟到以后再完成。

接下来，需要给必须付诸行动的想法排序，看看哪些事情是战略规划类的，不做不行，哪些是无关紧要的事情，可以缓一缓再着手做，总之，就是要把这些想法按重要程度进行排序；此外，看看哪些事情是这周、这个月或者是今年必须要完成的，按时间进行排序。做任何事情都需要拿出时间，按照重要程度来排出先后顺序。不那么重要的事情排在最后，实在没有时间，即使不做也对自己的影响不大。

我们想做的事情很多，但可以利用的时间和资源是有限的，因此必须考虑现在做什么才是值得和有效的，以便为自己争取更好的未来。排完顺序后，根据事情的重要程度和优先级，就可以让自己动起来了。起步越小越好，把行动设计成小步骤更容易获得成功。行动中就算暂时失败了，也不要给自己太大的压力。从小事或小目标起步，反而更容易实现自己的目标，同时给自己增加实现更大目标的信心。

当我们向自己的目标努力时，很大概率会遇到新鲜事物、突发事件或感情问题，各种诱惑也会分散我们的注意力，这时需要对个人的冲动和欲望进行自我控制。只有拥有强大的自控力，才能帮助我们坚定地朝目标进发，中途不发生偏航或迷失目标的情况。

4.提高自控力

"我要做""我不要做""我想做"三种力量的挑战。

很多人制订了完美的短期规划、长期规划，却常常缺乏自控力，导致完不成既定的目标。确实，缺乏自控力是完成目标过程中最大的绊脚石。我们常说的自控力，也就是控制自己的注意力、情绪和欲望，避免在行动的过程中偏航或迷失。

如何提高自己的自控力？这里涉及如何改变旧习惯、培养好习惯、克服拖延症、善于抓住重点等问题，更重要的一点是能抵挡住前行过程中出现的各种诱惑。对于如何提高自控力，有的学校还开设了相关学科，听课的学生总是把教室挤得满满当当的，大家遇到自控力不足的烦恼时，可以报名学习一下这些课程。

提高自控力，首先要清楚自己为什么会控制不了自己。遇到失控的时候，要留心记住自己是遇到了什么人、什么事物或什么情境，导致自己失控，下次再遇到这种情况时，有意识地提醒自己不要因此动摇。如果下次没有失控，可以给自己一个小小的奖励。

有时候，觉得自己意志力坚定的人，反而更容易在诱惑面前失控。比如，有的人觉得自己一定能坚持锻炼，一定能在多少天内瘦到自己的目标体重，结果反而因为缺乏自控力，导致自己未能坚守计划，体重又回到起点。

对自己过分乐观和自信的人，常常无法预测自己会因为什么缘故突然失控。失控后自己也会非常吃惊和后悔，甚至陷入自责的困境无法自拔，最终反而更容易放弃。相反，对自己的意志力不那么自信，能认识到自控力存在不足的人，执行计划时反而有充分的思想准备，在做事过程中更容易表现出足够的自控力。

日常生活中，有的事情是“我要做”的，去做了，可能会得到好的成果，比如学到更多专业知识，向客户推荐产品时更得心应手；销售的产品越多，得到的回报就越多；坚持锻炼，就会获得强健的身体……这样的事情多多益善，去做、多做就会提升自己的能力和生活品质。

有的事情是“我不要做”的，因为它们会对身体健康和未来生活产生负面影响。比如，深陷网购、网络视频和各种美食中不能自拔，这既占用了时间，浪费了金钱，又损害了身体健康。敢于说“不”和善于说“不”，是自控力强弱非常重要的一个表现。如果手里有任务要完成，就算手机上的节目再精彩，诱惑再大，也要逼着自己对它们说“不”。在成长过程中，大家都要养成“今日事今日毕”的好习惯。

还有些事情是“我想做”的，请牢记自己做这些事想要的结果是什么，比如可能是实现长远目标或远大理想。在行动中，当面对诱惑和拖延时，可以提醒自己真正想要的是什么，以此激励自己坚持下去。明确自己的目标，抑制住自己的冲动，调整自己的心态，去做应该做的事。

自控力就是要驾驭“我要做”“我不要做”和“我想做”这三种力量。如果内心发生了分歧，请牢记更重要的人生目标，三思而后行。

5.保持高效行动力

成为既定计划的主人。

在人生的每个阶段，享受过程固然重要，但我们还是期待有一个美好的结果。提高行动效率，才能尽早享用自己创造的成果。如果迟迟没有达到我们想要的一个结果，就要考虑自己的行动是否有效。

导致我们行动迟滞的原因有许多。在这个信息爆炸的时代，大家常常因为信息过载导致选择过多，无所适从，有时候为了一件小事要思考无数次，左右为难。比如买一件衣服，如果只有几种选择，大家可能很快就可以做出决断。但是现在有了成千上万种选择，在各种比较面前，有的人可能会犹豫大半天，最终也没有买到合适的。完美主义、不懂规划、拖延懒惰、心理脆弱等，都是影响行动力的因素。很多时候，在选择面前，过分权衡利弊，反而错过了行动的好时机。

一位朋友想开一家服务类公司，其中很重要的一步是选址，也就是找一个合适的临街店面。

在寻找店面的过程中，不仅要看地段、租金、店面户型、所处商圈或街道的具体位置，还得看房东提出的各项条件。我陪他一起跑了很多地方挑选店面。经过一番考察，选择了一个住宅区的临街底商，位置非常合适。但是，在与房东面谈的时候，这位朋友对房东提出的租金和其他条件来回讨价还价，导致房东有了抵触情绪。最后，房东给出支付定金的最后期限，否则过时不候。

可是这位朋友对房东的话没有当真，在支付定金的最后期限之前，他还在忙其他事情。我提醒他支付定金的时候，他说再考虑考虑，不着急。等他忙完事情后，根据房东提供的打款方式支付定金时，却因为银行卡每日交易限额无法按时支付定金。

房东本来就有情绪，因此最后期限到后，不同意宽限时日，结果房子没有租下来。这位朋友事后很后悔，因为之后看过多家店面，也没有找到比这家更合适的房子。

有时候，选择越多越容易错过最佳选择。如果我们有了心中满意的目标，就要大胆付诸行动，不要被无关紧要的细枝末节绊住，以高效的时间和简洁有力的措施实现既定计划。

那些能保持高效行动力的人，都具有积极的思维，说到做到，做事宁早勿晚。在行动过程中，他们也会尽可能地提前做好准备和安排，不会拖延到最后时刻才去处理，这样可以避免因为时间不足而导致的错误和失误。目标感和行动力强的人遇到困难，也善于用精神胜利法来安慰自己：“我再坚持一会儿，就能到达终点。到达终点后，我会为自己欢呼，今天又获得了满满的成就感。坚持下去，我一定会过上想要的生活。”想到未来的美好前景，就有力量熬过目前的艰辛。

半途而废者常常习惯于给自己找各种借口，为自己开脱，比如今天因为天气原因没有行动，明天因为有个聚会再拖延一天，晚点儿去做也没关系，总是给自己提出更宽松的要求。放弃有一万个理由，而坚持只有一个信念。

回忆过去获得的成功，回想那些美好的事件和片段，可以帮助自己应对目前的困难，激发自己的斗志。请把眼前的辛苦与理想的生活联系起来，感受现在的积极投入是值得的。

行动起来，做既定计划的主人！

6.及时评估与调整

及时评估自己的规划，行不通时立即调整。

人生规划对于每个人来说都是至关重要的，它为我们提供了明确的目标，指出了努力的方向。但有了规划并不代表就可以松懈，规划也不是一蹴而就的。在执行规划的过程中，大家还需要定期回顾，评估规划是否在有效执行。随着时间的推移、环境的变化、社会的发展以及个人兴趣和价值观的转变，当规划可能不再适合自己的实际需求，要及时评估与调整。

我们可以为每一个大目标设立可量化的小指标，方便自己定期检查。例如，设定的目标是“健康”，让自己本已突出的腰椎间盘不再发展到更严重的地步，就需要在听取医生的专业建议后，为自己设定锻炼腰背的时间及安排，如每天晚上睡觉前练习某几个动作，坚持20分钟。如果发现自己已经连续两三天没有做，就需要提醒自己：再不做就会有更多的腰椎间盘问题！对自己健康的期许，对疾病的恐惧，会激励自己继续完成设定的目标。

工作中，我们更需要及时反思。每个月的月末，可以总结过去一个月的工作，看看有没有达到自己设定的目标，并记录下自己的收获和不足。职业发展方面，在行不通的时候，更需要及时评估与调整。

有一位同事，辞职后开了一家店，目标是做到商圈里的领先者，三年后再开第二家店。

刚开始的两年，他的生意很好，收入颇丰，很快就买了一辆豪车，每半年都会给股东分红。没想到第三年环境发生了变化，来店里消费的人流量迅速减少，收入大打折扣。社会环境发生变化，这是他控制不了的。后来，经过一番考量后，他选择退租，搬到了一个位置稍差、租金更便宜的地方，以减少成本。

没想到接下来客户的购买力越来越低，他想了各种办法扩大经营效果，还是起不到增加业绩的作用。又经过两年多的起起伏伏，他觉得自己已无法扭转店铺面临的经营局面，应该及时调整自己的经营规划，于是最终决定关闭店面，遣散员工，把损失减少到最小。

在公司经营接近亏损时，他及时止损，注销了公司，避免把自己陷入困难的局面。而另一个朋友所在的公司却一味地苦苦坚守，每个月的经营收入不足以支付房租和人工成本，最后亏损了上百万元才不得不关闭了公司。

在环境改变的时候，我们要及时做出判断，及时调整，灵活应对。这时可以向信任的人或有经验的人寻求意见，从不同的视角来评价自己的行动，同时还可以从别人那里了解到潜在的发展机遇。面对各种变化时，我们只能主动适应，主动转变。不惧怕改变，才能找到新的发展机会。

不要把变化视作失败，应对变化也是人生成长的一个内容。通过对自身发展路线进行定期审视，可以判断哪些目标已经实现，哪些目标还需要投入更多精力和资源去完成，以及哪些目标已经不适合现在的自己了。

对自己的规划不断地进行评估和调整，才能更大程度地实现个人价值，进而接近自己理想的人生状态。

7.借助别人的力量

聪明人都会借助别人的力量，去达成自己的目标。

个人的人生规划虽然是针对自己的，但要实现，离不开别人的帮助和支持。有一位富豪曾经说过一句话：“聪明人都是借助别人的力量，去达成自己的目标。”

很多事情仅凭自己的力量是达不到的，不妨借助别人的力量来完成。也许有些事对我们来说非常费力，但是在别人眼里可能不费吹灰之力就能轻松实现。与其自己苦苦追寻而不得，不如换个思路和视角，寻求强者帮助，完成目标。

那么怎么才能借助别人的力量呢？要学会把握以下两点。

首先，找到有能力的强者，与他们成为朋友。在确定自己的奋斗目标之后，就要在日常工作和生活中留心观察，看看哪些人可以帮到自己，想方设法与其成为朋友。当然，想要得到别人的帮助，自己也要懂得付出。尺有所短，寸有所长。每个人都不是全能的，每个人都有自己的强项和弱项，每个人都会遇到自己不擅长的事情。我们用自己擅长的能力真诚地帮助别人，别人也会在你需要时伸出援手。

其次，要善于在恰当的时机开口求助。不要怕被别人嘲笑，也不要担心别人看轻自己。如果因为虚荣心而不向他人求助，可能会错过一个绝佳的机会。在不失原则的情况下，请放下自己的面子，向自己熟识的人发出求助信号。

朋友之间就是要互帮互助，共同发展。在得到别人的帮助后，一定要及时表达谢意，并在对方有合理需要时给予支持。你帮我，我帮你，互惠互利的关系才能良性循环，未来的合作才能更加顺畅。

每一个追梦者都不可能单枪匹马地应对竞争和挑战，要善于借力、聚力去实现自己的美好梦想。好风凭借力，送我上青云。借助别人的力量不仅是一种技巧，更是一种智慧。

通过建立信任、有效沟通、合理分工和互帮互助，可以实现共赢，也会在事业与生活中获得更大的成功。

8.享受工作与收入

努力工作，享受生活。

很多年轻人抱怨自己工作太累，收入太少，于是上班“摸鱼”，下班“钓鱼”。这些人就是想在工作中偷懒，耗掉时间，下班后投入自己的兴趣爱好中。但是，大家可以想一想，在工作中浑浑噩噩、得过且过的人，怎么会有高收入，又怎么会有支持自己爱好的经济基础呢？

曾经有一位在行业里做了十几年的老员工，她的工作效率非常低，导致很多事情都需要别人催她。她经常抱怨自己的工资为什么没涨，老板为什么这么抠，工作为什么这么没意思，为什么要开那些无聊的会，为什么自己天天这么累、一身病……只要是公司里的人，几乎没有她没骂过的。

既然这么痛苦，为什么还要在这里耗时间呢？为什么每天这么愤怒，还要选择留在这里？

一个人在公司里做事，虽然老板不在眼前，但是业绩会说话。要享受工作，为工作投入心力，使公司能够获利，我们才能获得高收入。

作为公司员工，只有公司发展得好，我们才能从这个平台获取自己需要的成就和收益，否则，何谈美好生活与兴趣爱好。理解工作的意义与价值，才能享受工作。当我们明白工作的意义和价值，明白工作和自己未来的发展息息相关，就更容易找到工作的乐趣和动力。这不仅仅限于某些“高大上”的职业，任何工作岗位，都有自己独特的意义和价值。

现在很多工作都是脑力劳动，有研究表明，单纯的脑力劳动并不会使你疲惫。这话听起来是不是很荒唐？但是科学家们发现，大脑的耐疲劳性很强，工作八小时之后依然运行良好。那么，是什么让脑力劳动者总是感觉疲惫呢？其实是精神因素，也就是情绪。无聊、抱怨、不被赏识、徒劳、匆忙、焦虑这些坏情绪会使身体紧张，因此人们才会在脑力劳动中感觉疲惫不堪。

努力工作造成的身体疲惫，在睡个好觉之后就可以得到大大的缓解。但是，忧虑、紧张和不良情绪造成的疲惫，就需要通过情绪控制来缓解。在工作中，大家要学会自我放松，以释放工作中的紧张感和压力感。首先，放松肌肉，可以从最关键的眼睛开始。适当闭上眼睛，不要皱眉，放松眉心。然后，放松双手、脸颊、嘴巴、脖子、肩膀、双腿以及全身肌肉。可以想象自己是一块软软糯糯的围巾，柔软又暖和，这样的具象思维可能会使我们自然放松。

在工作时，可以选择一个让身体舒服的姿势，给自己间歇休息的时间。比如每工作半小时到一小时，就起来走一走，看看远处，整理或美化一下自己的工作环境。

当我们把自己的兴趣融入工作中时，可以大大提升工作的愉悦感。努力去发现工作中的亮点，尝试将个人爱好或特长与日常任务相结合，这样可以提升对工作的热情，让工作变得更有意义。

为自己做职业规划，可以帮助我们在每天的工作中看到更长远的目标和努力的方向。这不仅能增强我们对目前岗位的责任感，也能激励我们不断学习和进步，为未来的发展积累基础。

我们在职场中遇到的压力，可以通过适当的方式来消解。例如，通过合理安排时间，做好优先排序，积极沟通，寻求团队支持等，来减轻自己的工作压力。另外，通过集中精力突破有意义的任务，可以提升自己的成就感和工作满意度。

我们醒着的一半时间都是在工作中度过的，如果无法在工作中找到快乐，就很难真正快乐起来。如果对自己的工作抱有浓厚兴趣，甚至感染和带动他人一起投入工作，从长远来讲，这很可能会带来晋升和加薪，产生良性循环。即使没有升职加薪，也能把疲惫感降到最低，更好地享受工作和生活。

研究表明，有稳定工作和享受工作的人，比没有稳定工作的人更快乐、更自信，这是因为工作为我们提供了成就感和认同感。通过工作，我们可以实现自我价值，获得他人的认可和尊重。工作不仅是个人的事情，还具有重要的社会意义。通过工作，我们可以结识新朋友，拓展人际网络，增强社会归属感。

规律的工作时间表，可以帮助我们养成良好的生活作息习惯。适当的工作量可以促进身体的新陈代谢，工作中的一些体力活动和脑力劳动，也有助于保持身体和大脑的健康。工作中的挑战和机会，还可以激发我们的潜能，对我们的生活产生积极的影响。

享受工作，制订切实可行的发展计划，并去挖掘工作中的乐趣，享受工作带来的收入，可以让自己过上满意的生活。把工作完成好，才有好心情享受愉悦的闲暇时光。

让我们在工作中找到快乐和满足，实现更加充实和有意义的人生吧。

第三章

人际关系

1.实力是人际关系的基础

你若盛开，蝴蝶自来。

人与人的关系就像一块田地，不管我们多么勤劳，多么细心地呵护它，田里还是会时不时地冒出杂草。人际关系需要经常打理，才能保持健康的状态。我们与他人的关系是人生旅途中美好的礼物，维护好人际关系，也是一项很大的挑战。

每个人都想跟比自己更强大的人交往，这就是俗话说的“人往高处走”。需要提醒的是，实力是人际关系的重要基石，决定了我们在社交圈中的地位和影响力。实力不仅包括个人能力、地位和财富，还包括个人影响力以及与人交往的能力。

实力越强，对待别人的态度越好，越能够被尊重和重视。实力强大的人能够吸引更多有价值的社交资源，建立更多高质量的人际关系。

那我们该如何提升个人实力，改善人际关系呢？首先，要不断地学习和提升自己的专业技能，以增强自身的社会价值。同时，在有需要的情况下，应该积极参与社交活动，扩大社交网络，结识更多有价值的人脉资源。通过组织和参与团队活动，培养和展示自己的领导才能，赢得他人的信任和尊重。

除了物质或能力等硬实力，人际关系也同样依赖真诚、尊重、理解和共情这些软性因素。综合运用各方面的力量，才能建立稳固和健康的人际关系。

一家大型科技公司软件工程师小青，刚加入公司时，很多资深同事对他缺乏了解和信任，导致他在团队项目中总是被分配到次要的角色。

然而小青并没有灰心，他通过自学和虚心向同事请教，迅速提高了自己的岗位技能水平。此外，他还积极参与公司组织的各项培训和研讨会，不断拓展自己的技能领域，同时认识更多的前辈。

一次，公司接到一个重要项目，需要有人负责设计一套新的软件架构。在项目会议上，小青因为在外部竞赛中获得了奖项，因此有了发言和表达的机会。他经过一番精心准备，在会上展示了他设计的软件构架方案。该方案不仅技术先进，而且能够切实解决客户面临的问题。

通过这次展示，小青的实力一下就得到了公司高层和同事们的广泛认可，不仅让他在这个新项目中获得了核心角色，也为他后来升职为团队负责人奠定了基础。

从案例中可以看到，小青通过提升自己的岗位技术实力赢得了大家的信任，从而改善了自己的人际关系。一个人的实力既可以为自己的职业发展打下坚实的基础，更能在人际关系中建立广泛的信任和影响力。

如果我们目前还不具备强大的发展人际关系的能力，也不要气馁，只要相信自己并不断地努力，一定会让自己成为那个更强大的人。对美好前景的憧憬，也会让心灵得到慰藉，让暂时处于困境之中的自己依然保持对美好和喜悦的感知。无论生活把我们带到哪儿，都要以最美的姿态面对生活。只要内心充满自信和美好，就会吸引优秀的人和事物走到我们身边。

无论是在生活还工作中，都要保持积极向上的心态。相信自己的能力和价值，才能赢得更多的机会和尊重。正像一位作家说的：“你若盛开，蝴蝶自来。”

2.信用是打开人际关系大门的钥匙

重诺守信，人必近之。

人，以诚为本，以信为天。与人交往，守信用是处理人际关系的基本准则。以信待人，别人才会以诚相报。做人处世守信用，方能在社会上稳定立足。

一个人的形象，从内到外都是自己一手打造出来的。人与人之间，只要彼此来往过几次，就会互相产生某种评价。人们大多习惯于利用过去的经验来判断其他人，同时，也习惯于和熟悉的人打交道。最开始交往几次，如果信用表现良好，就可能被对方视为有信用的人。但是，如果利用别人的善意和信任欺骗别人，哪怕只有一次，互相建立的信任关系也会瞬间土崩瓦解。

李华的邻居邓敏带着全家移民到了国外，邓敏在国内有几套房子，在国外也通过打拼置办了一些固定资产。邓敏出国后的生活，李华了解得并不多，有一次她突然打电话找李华借钱，数额对李华来说并不小。邓敏说得很轻松，着急周转，一个月后就还给李华。李华就爽快地借给她了，希望能帮助她尽快渡过难关。

李华觉得这笔钱对邓敏来说不算多，以她的实力，肯定很快就还回来了。可是过了几个月，邓敏不仅没有提出还钱，还再次找李华借钱，并且说了一个其他的理由，李华没有答应。又过了段时间，邓敏又以自己住院的理由，再次找李华借钱，并且笃定地说当月月底出院就把钱还上。李华选择最后相信她一次，又借钱给了邓敏。没想到，过了很长时间，邓敏还是没有还钱。后来几个月，邓敏又多次向李华提出借钱的要求，李华再也没有答应，也明确地告诉邓敏已不再信任她。

李华说，邓敏出国后，感觉这个人已经变了，不再是以前认识的她；她利用之前的邻居和朋友关系，一次次伸手借钱，一次次失去信用，让人再也不敢相信她了。

一个人借了东西不还，只要有一次这种行为，就会被定义为没有信用的人。当一个人身处困境时，朋友出于情义帮助她，是一片真心，希望帮她渡过难关。但是如果她利用朋友间的感情无休止地伸手，就会彻底毁掉这段关系。

我们每个人都会被别人贴上一张张看不见的标签，标签上清清楚楚地标明了这个人的性格和人品。重诺守信，人必近之；狡诈欺蒙，人必远之。很多企业家在公司破产后还能东山再起，靠的不仅是技术、人才和经营能力，还有一项极其重要的无形资产——信用。只要一个人的信用没有破产，那么他还有立足和翻盘的可能。人们相信他，才会在他遇到困难时伸出援手，帮助他重整旗鼓，再上征程。

3.做好自我保护

锻炼身心，学会说“不”。

在成长的过程中，很多时候我们其实都是在学习怎样保护自己。保护自己的空间，不让别人随意闯入；保护自己的尊严，不让别人随意践踏；保护自己的物品，不让别人随便损坏；保护喜欢的人，不让别人随意诋毁。

在处理人际关系时，不仅要让自己的内心更强大，更有包容心，也需要明确自己待人处事的底线和原则，不要轻易让步。学会向别人说“不”，是保护自己的重要一步。

大学时，同学给我起了一个让我觉得很刺耳的外号。她刚开始这么叫我的时候，我就很反感，让她别这么叫。可是这个同学总是嬉皮笑脸地说：“这么叫多好玩，多有艺术范儿！”接下来的几天，我忍无可忍，觉得必须让这个外号消失，让她停止这么叫我。一个晚上，我们都在宿舍里，当她再次叫我外号时，我严肃地盯着她，警告道："我告诉过你，我不喜欢这个外号。如果你再这么叫我，我就给你一巴掌。我是认真的，以后别再叫了。"

气氛紧张了几秒后，她一边啃着手里的苹果，一边像是故意气我似的又叫了那个外号，还连着叫了好几次。我觉得必须兑现我刚才说的话，否则这个外号就将天天扣在我身上，于是，我毫不犹豫地给了她一巴掌。虽然这一巴掌动作比较轻，但也吓了她一跳，她手里的苹果滚落到地上，半天没说出话来。宿舍里还有两个别的同学，她们都盯着我没有出声，当时的气氛就像凝固了。

我随后快步走出寝室，想到外面呼吸一下新鲜空气，同时整理一下自己的情绪。出门后，我就听到身后传来那个女孩大叫的声音。确实，在宿舍里打人不对，但我警告过她，她非要挑战我的底线，那我就只能说到做到。在外面操场上转了几圈后，我回到寝室，向舍友道歉，问她疼不疼。她没有说话，但是之后她再也没有叫过我那个外号，这个问题算是彻底解决了。

后来，她有需要时我经常帮助她，对外我也会保护她，我们的关系很快和解，在学校里也一直是好朋友。当然，我这个解决问题的方式是不对的，属于年轻气盛、情急之下的冲动反应。

如果有人冒犯我们，要及时指出来并要求对方道歉。沟通无效时，可以通过其他合理有效的方式来解决。

如果身边有人让你感到不舒服，或是消耗掉了你的能量，尽量远离这些负面影响。无论是在情感上还是在经济上，保持一定的独立性可以使你不至于过分依赖他人，从而能更好地保护自己。相信自己有独特的价值和能力，增强内心的防御力，可以让你在遭遇挑战时更具弹性。

当然，有效的沟通技巧也可以帮你解决误会，减少冲突，维护健康的人际关系。如果某种关系或情境让你感到不安，不要忽视这种感觉，它可能是在提醒你注意保护自己。大家可以建立一个可靠的社会支持网，包括好友、家人或专业渠道，他们可以在你需要时提供必要的建议和支持。

在遇到有人故意为难和欺负自己时，不必顶撞和斥责对方，但要用行动来保护自己，尽量客气地向对方传达彼此尊重的信息。在上下级关系中，如果工作中产生了摩擦，长期隐忍和从不表达可能是错误的处理方法，最后可能导致矛盾或情绪集中爆发，其危害性和后果会更加严重。在工作中，尊重和认同对上下级而言是相互的。

对于一些无关紧要的小事，可以不理睬，尽量避免无谓的争执。不争执并不是代表软弱，而是选择宽容和原谅，避免将自己置于不必要的负面情绪中，消耗自己的精力和能量。为了自己的身心健康，需要保持良好的心态。如果冒犯行为不能接受，可以明确地指出来，这是维护自己权利和尊严的基础。在遇到严重的冒犯时，可以向长辈或相关机构求助，必要时需要拿起法律武器维护自己的合法权益。

4. 识别“小人”

避开“糖衣炮弹”，建立安全的社交圈。

在人际关系中，虽然对人要坦诚相待，但也需保持警惕。识别“小人”可以更好地保护自己，从而建立安全健康的社交圈。

每个人都有多面性，哪些人算是“小人”呢？可以通过观察别人的行为和语言特征来识别这类人，也可以通过彼此都认识的其他人的反馈来了解。这些人可能常常在背后对别人说三道四，他们在你面前表现得和气而友好，在背后却传播谣言，挑拨离间。他们表里不一，经常在不同的场合表现出不同的态度，对不同的人有完全不同的行为。他们习惯于在背后议论他人，有时会歪曲事实影响别人对某人的看法。有的人在你还是普通同事时可能会对你挖苦嘲讽，在你晋升之后，态度会发生 180 度大转弯，对你百般奉承，竭力讨好。对于这种人，我们要特别小心，识破他们的“糖衣炮弹”，避免和他们产生利益关系。

有的人在面对失责或错误时，往往会找出各种各样的借口避免承担责任，或尽力将责任转嫁给他人。

曾经有一位中层管理干部，员工提交审核的工作文件需要她批示，经常要等一个多月才有回复。这样的工作效率让大家上起班来感觉很苦恼。但有时，这位中层管理干部会突然让员工在两三天内完成一个项目的审查。有的项目审查需要逐字核查，两三天根本不可能完成。在了解更多情况后，才知道其实这些材料在她手里已经搁置很久了，事到临头她才开始着急。

有时，对客户很难开口的事，她会让员工去向客户说。按她的指示和想法去做，最后会让客户很生气。客户向公司高管投诉员工，导致员工的工作都没办法继续下去了。

有员工在离职时跟公司高层领导告别，才知道她在背后告黑状，说员工做事特别慢，工作缺乏效率。员工听到后都惊呆了，她自己拖延也就算了，还要倒打一耙。员工的进度总是延后，不都是因为她经常拖延造成的吗！员工正准备反驳，这位领导又接着说：“她什么情况我知道，你不要往心里去……”看来大家都知道她是什么样的人。

如果我们避不开“小人”，必须与其相处，特别是有时还牵扯到利益关系，那么就把重心聚焦到工作上来，把人和事分清，就事论事，照章办事。工作中自己也要尽量把事情做到位，保留好一些证据，让人挑不出问题。

“小人”对待世界的方式就是利益为重，他们不关心集体利益，只有一己私利。有时他们会为了保护私利，损害别人的个人利益和集体利益。在职场上，面对这类“小人”，为了实现更长远的发展目标，可以尽量放弃与其合作，以避免遭受损失，或者惹出口舌是非。

“小人”的行为通常表现为攀权附贵，阿谀奉承，见风使舵，造谣生事，自私自利，口是心非，嫉妒心重等。他们通常会以阿谀姿态攀附权贵，在别人升迁时锦上添花，但当别人失势时，又会落井下石。“小人”对他人的成功会感到不满和嫉妒，容易引发明里暗里的争斗，我们很可能在不知不觉中就成了他们算计的对象。

害人之心不可有，防人之心不可无。善于识别“小人”，懂得与他们和谐相处，也是一门很大的学问。我们不要招惹和得罪“小人”，尽量疏远他们；与人相处时保持谦逊的态度，避免遭人妒忌猜疑；对待工作要兢兢业业，保持自己做事的专业态度；养成平时记录重要事件的习惯，以备不时之需，保护自己免受负面谣言的影响。

5.关系比道理更重要

每个人都认为自己是对的，才会产生争执。

人际关系一直是我们在人生中需要不断精进的功课。我们与人交往时，难免会遇到一些争执。很多人在争执时，都卡在了“我有道理，他没道理”这一关。双方还经常认为自己有道理，仔细想来，就是因为每个人都认为自己是对的，才会产生争执。

在日常生活中，人与人之间的融洽关系其实比道理和对错更重要。我们在与人理论和争执的过程中，实际上人际关系已经出现了问题，此时只要一方给对方一个台阶，矛盾很轻松就能化解。但就是因为有些人抓住道理不放，逼着对方让步。这些人自己以为自己是赢了理的人，并且事后还会沾沾自喜，其实他才是争执中的输家。很多问题都有多面性，每个人的出发点和经验不一样，看到的事情发展态势就不一样。很多时候大家只是观点不同，并没有绝对的对错。一味追求“我对，你错”的人，其实是为了保护自己脆弱的自恋心理。

尤其在职场，如果你总是反驳、抬杠，也许能短暂地占先，但那只是空洞的胜利，因为你永远得不到对方的好感。就算别人真的做错了，我们也应该控制情绪，避免因激动而说出伤害性的话语，造成不可挽回的局面。

每个人都有不同的看法、需求和期望，我们都需要认真听取别人的观点，而不是一味地表达自己的想法。倾听有助于理解对方的感受和立场，打开看问题的视角。我们在倾听的过程中，还可以尝试寻找双方的共同点，找到大家都能认同的观点，以此为基础进行进一步讨论。

在沟通中，要避免使用指责性的夸张语言，例如“你总是……”或“你从不……”。如果能改用“我觉得……”之类的表达方式，就可以减少与别人的争执和对抗。如果别人对你产生了心理上的对抗，是很难接受你后面陈述的观点的。

我们在发生争执时，一定要关注当下的具体问题，而不是去翻旧账，给人贴上特定“标签”。应当就此刻的问题着手，一起想办法解决，而不是一味地怪罪、声讨。有些时候，双方可能都需要在一定程度上做出让步，以便寻求一个双方都能接受的解决方案。

在与别人争吵时，虽然表面上看起来难分上下，甚至我们吵赢了，但是一定要想想自己有没有做错的地方，这样才能得到心灵的安宁。如果我们只是认为别人错了，自己全对，就会一直处于恼怒之中，愤怒之火无法熄灭。如果发现自己也有错误之处，有那么一点点自省的精神，事后才会真正放下愤怒，情绪放松下来。

与人交往时，在交情尚浅，大家还没有太多共识的情况下，需要保持适当的距离，避免在涉及一些比较深入的问题时，因为理念不同而产生分歧和争执。当双方有了更多的了解后，交流才能更进一步。

在与人相处中，大家难免会起争执。但这里提醒大家，争执的负面作用往往大于正面作用，尤其是那些无意义的争执，反而会消耗彼此的精力，恶化双方的关系。

在职场中，不与领导争对错，不与同事争聪明，这些说法还是极有见地的。现代心理学强调理解和接纳，而不是一味地提建议或讲道理。如果我们转到这一思路上来，就能够帮助自己更好地调动主动性和创造性，从而在工作中取得更好的效果。

在恋爱和婚姻关系中，提供情绪价值比判断是非更重要。当情侣或夫妻之间出现误会时，从对方的角度去看待问题，给予更多的包容和语言上的安慰，可以避免矛盾激化和恶化。由此也可以看出，有时感情比道理更重要。

在亲子关系中，理解和接纳比给孩子灌输道理更重要。当孩子做出一些父母不认可的事情时，父母的理解和接纳可以帮助孩子更冷静地看待问题，从中得到进一步成长。如果只是一味地讲道理和批评指责，就有可能破坏亲子关系，导致孩子与父母产生隔阂。

每个人都有属于自己的社会关系圈，我们所有的关系，包括亲情、友情和爱情，都需要通过付出情感来维系。我们与他人相处时建立的各种关系，这些关系有时比利益、比输赢对错更有价值。

6.提高“见好”的能力

发现美好的人和事，享受美好的关系。

什么是“见好”的能力？就是一个人能够看到生活中那些好的、善意的、正面的事情的能力。一个人如果有“见好”的能力，就说明他拥有了一双善于发现和记录世间美好的眼睛。这样的人不仅能够给自己带来更多快乐和满足，也能够给身边的人带来快乐和满足。

长久以来，家里的各种电器坏了我都不操心，有问题直接甩给老公：“老公，遥控器坏了！”然后，老公就会把坏了的遥控器修好，偶尔还会给我讲讲维修原理，我每次都说能用了就行。

最近，家里卫生间的热水器坏了，可能是热水管有问题，这是他告诉我的。于是，他拆开吊顶，露出了卫生间天花板的真面目，密密麻麻的管线看得我一头雾水。之后几天，他联系了维修师傅来修理热水器的管子，又找人更换了卫生间的吊顶，同时又给卫生间加装了一只取暖灯，费了好大的工夫才把卫生间整修好。

我突然想到，自己以前从不关心这类杂事，全是老公一手操办，而我认为这是理所当然的。现在，我觉得他如此聪明，如此能干，于是开始表达自己的感谢，说他真棒，把这么多东西都修好了，是家里合格的后勤保障员。对他辛苦劳动的认可和夸赞，让他感觉特别高兴，虽然劳累了好几天，心里依然美滋滋的。

人们总爱挑对方的毛病，却看不到对方百分之八十好的地方；总是盯着百分之二十的问题，看不到别人行为背后的温柔与善意。比如，有的人收到一个礼物，第一反应并不是开心，而是觉得对方审美不行，买的礼物不好，不合自己的心意，不如自己去挑。很多人都习惯于用批评、嫌弃的态度对待自己的伴侣和家人，有些父母也是这样，对孩子更多的是否定和批评，很少表现出认可和赞美。

其实，我们应该更积极地去关注别人身上好的一面。现代的教育理念已经发生了新的变化，在人与人的交往中，大家更需要正面的鼓励和引导。挑剔和批评会导致人际关系产生矛盾，练习看到别人好的方面，学会认可和赞美别人，会让我们与他人的关系变得更美好。

你之前是不是常常觉得自己不够好，或者觉得自己的生活不够理想？那么请你先看看自己好的一面，试着从自己身上找 10 个优点，或者自己生活中 10 个好的方面！你对自己在意的人满意吗，是不是常常觉得他们问题多多？现在也试着找出他们身上的 10 个优点！这么做之后，你一定会有很不一样的感受。同样一件事，用不同的视角去观察，结果往往有很大的不同。每个人都渴望被人看见、认可和夸赞，这是人性的需要。

当我们看到他人比自己优秀，过得比自己好时，能否真心赞美，而非心生嫉妒呢？嫉妒如同尖刺，既伤人又伤己。每个人的成功背后，都有不为人知的艰辛，或许他们天资不如你，但他们可能付出了十倍的努力；或许他们付出的没有你多，但他们的悟性可能高于你。所以，对待那些比自己更优秀的人，要不吝你的赞美之辞。

“你站在桥上看风景，桥下看风景的人在看你。”每个人都是彼此生命中的风景，学会欣赏他人，就是美化自己的风景。高级的人际交往，不论对方处于何种境遇，都能做到感同身受，同时送上诚挚的祝福。相处融洽，需要推己及人的情怀。丰富的经历和阅历，能让我们接受他人的浅白，也能欣赏他人的优美。

请学会看见并欣赏他人的美好，赞美对方，让他觉得自己很重要。从现在开始，培养自己“见好”的能力，让自己拥有一双善于发现美与善的眼睛。

7.解决冲突

想解决冲突，自己先做出改变。

没有人希望与人发生冲突，但现实中又很难避免冲突，毕竟人与人的想法千差万别，情绪也不可能是永远稳定的。无论是职场关系、亲密关系还是家庭关系，都不可避免地会出现分歧和冲突，我们处理这些冲突的方式，会影响这段关系的发展。

如果我们希望解决一场冲突，那么首先就要“停战”。在冲突发生时，首先要控制情绪，保持冷静，防止事态进一步升级。我们无法改变别人在冲突时的表现，但是可以改变自己的态度和行为。哪怕单方面“保持冷静”，也可以缓解紧张的局面，使解决冲突成为可能。在对方表达想法时，请不要武断抢话、批评对方或强调自己的想法，先听对方把话说完，分辨哪些是气话，捕捉哪些是对方真正想表达的观点。如果我们的介入让当前的情况变得更糟，那就先停下来。

在与人发生冲突时，请不要只关注对话中的攻击性信息，忽视对方想要表达的真实想法。如果大家都在攻击对方，就会陷入“攻击—反击”的漩涡里，只能让冲突升级。如果用言语和肢体动作激怒对方，对方只会表现出更糟糕的一面。一定要忍住自己的冲动，把沟通的关键点从攻击性的干扰信息聚焦到解决问题的本质上。如果双方立场强硬，就无法吸收其他观点，当前的沟通就会变得毫无意义，只能使冲突越来越严重。

如果同事在和别人吵架，声音越来越大，越来越咄咄逼人，我们最需要做的事情，就是及时提醒他们“保持冷静”；如果客户提出各种无理要求，威胁我们要投诉，就需要让他的情绪冷静下来，让事情回到正轨。当然，这时我们首先要“保持冷静”。

除了破坏性冲突，其实人与人之间的很多冲突也是有潜在价值的，可以把冲突当作一次与人沟通的机会，大家“打开天窗说亮话”，把潜在的或隐藏的问题剖析清楚，避免之后遇到这类问题再次发生冲突。一位英国演讲家说过这样一句话：“站起来说话需要勇气，坐下来倾听也需要勇气。”

很多人都不会聆听别人的诉求，即便表面看起来在听，心里其实早已准备好了一套说辞。这种人假装礼貌地听别人表达，其实是在等别人说完后，赶紧抛出自己的那番理论，实际上就是轮流发言。但是，当我们陷入分歧和冲突时，如果排斥别人的声音和眼前的事物，不听不看，只是不断表达自己的观点，冲突就无法解决。在氛围紧张的情况下，如果我们听进去了别人的话，做出有效的回应和认可，对方不可能无动于衷，一定也会倾听我们的表达。

双方发生争执时，要正面理解问题，避免拖泥带水和回避，将冲突的范围限制在具体问题上，不过多涉及文化、思想和个人。仇恨和批判无法搭建通向美好未来的桥梁，合作与沟通才是构建良好关系的基础。

开诚布公地明确冲突中涉及的具体问题后，就要进行“头脑风暴”，讨论可能的解决办法。不要急于评判或否定任何想法，鼓励没有心理负担地表达，最后从中选择一个最符合各方利益的方案，达成共识。接下来，需要规划行动步骤和时间节点，以及每个人在其中需要承担的责任。也许，在解决完这次冲突之后，通过更进一步的了解，双方会增进和巩固彼此之间的关系。之后，双方还需要保持定期的交流，保证信息顺畅和及时的感情沟通。

处理人际关系中的矛盾和冲突，需要保持冷静与理智，通过积极沟通与倾听，寻找共同点与解决方案。同时，大家还要学会宽容与谅解，这样才能建立更加健康、和谐的人际关系，提高生活质量和幸福感。

第四章

财务管理

1.建立正确的消费观念

节俭致富，亘古不变。

财务管理是每个人都应该重视的事情。有效管理个人财务可以帮助我们实现财务目标，保障生活品质，减轻经济压力。金钱带来的苦恼位居苦恼原因榜首，如果我们不趁早规划好自己的财务，以后的生活可能会陷入困顿；如果我们拥有清晰的个人财务管理规划，一定能逐步实现理想的生活状态。

怎么才能积攒财富？最简单的道理就是“挣的比花的多”，花得越少，挣得越多，越能积攒起财富。但是，受文化和社会潮流等诸多因素的影响，很多人的消费观念与上一代人相比，有了很大的差别。比如，什么都要最好的，追求新奇和多样化，想要什么就得即时满足；别人有了我也得有，能花钱办的自己就不干。

以前，人们看到厂家推出一款 29.9 元一瓶的饮料，肯定直呼太贵了，“什么水这么贵？不如喝白开水”（批评的语气）。现在，很多人则会认为，“什么水这么贵？这个我得尝尝”（好奇的语气）。五花八门的新产品不断面市，今天尝尝这个，明天试试那个。有的东西看起来价格也不算太贵，但是随着这股尝鲜的念头漫延开来，尝着尝着，个人账户里的余额就越来越少了。等到我们意识到经济上捉襟见肘的时候，财富已经“挥一挥衣袖”，离我们远去，就像从来没有来过一样。

有段时间，我特别喜欢点外卖，觉得点外卖很方便，手指一点，就有饭吃，省去了买菜做饭的时间和精力。后来，我逐渐发展到点蛋糕、咖啡、鲜花、水果、小饰品等各种东西，手机一刷，足不出户，东西就都送来了。如果不是点外卖，我也没时间去商店买这么多东西。

到了月底，我翻看自己的记账本，发现外卖（包括各种物品）的费用居然是当月最高的支出项。这些费用可以到月底一起结算，结算时我发现已经有点儿入不敷出了。此时看着不得不支付的账单，我不由得感叹：每笔都不是大额的消费，汇总起来居然有这么多！

我们对待财富的态度，以及创造财富过程中的决策，关系到我们一生能拥有多少财富。金钱的吸引力无穷，创造财富的过程也十分复杂与艰难。一个人要想靠自己的力量积累财富，需要对金钱有正确的态度。有人采访和分析了很多千万富翁的致富经历，得出了一个结论，那就是他们一生都秉持自律、节俭的原则。由此可以看出，节俭是积累财富的基石。

即使没有高额的年薪，我们通过努力工作，勤俭节约，也可以变得富有。挣得多，花得少，从结余中拿出一部分储蓄，另一部分进行合理投资，也可以让财富随着时间不断增长。

有证据表明，如果父母拥有节俭和理财的习惯，会帮助孩子在经济上取得更大的成功。真正富有的人，更喜欢淡化他们的经济成就。他们不需要通过大量的名贵物品来展示自己的经济实力，他们获得的事业成就，就是个人价值最好的勋章。相反，还没真正进入富裕阶层的人，反而更热衷于宣扬自己的消费能力，通过频繁地购买高溢价的奢侈品，去展示自己的成功形象，这会成为财富积累道路上的羁绊。

如果身边有喜欢炫耀高价消费品的朋友，请不要和他们攀比，不要纠结是不是也给自己购买同样的物品。大家一定要清醒地认识到：一个人的品质或能力，是不能用拥有多少高价奢侈品来衡量的。那些看起来“精装”和“高大上”的人士，并不一定拥有真正的财富，很可能还背着他人不知道的债务。节俭是个人财务管理的第一步，我们要合理地控制自己的消费，有效地支配金钱，理智地利用自己所拥有的资源。

想要拥有幸福的生活，就要养成规划收入和支出的好习惯，比如利用记账小程序记录开销，按月按年分析支出是否合理，评估购买的东西是否必需，所购商品价格是否实惠等。当然，在有一定结余的情况下，也需要在自己的兴趣爱好上投入一些时间和金钱，以丰富我们的生活。比如，喜欢旅行的话，可以提前制订计划，准备一次性价比更高的旅行。

在生活中注重实用性和性价比，通过制订预算、跟踪账户和分析支出，可以更好地了解自己的财务状况，培养出以收定支的好习惯。另外，要学习一些理财知识，理性做出财务决策，这样可以帮助自己逐渐积累起财富，为未来的生活打下坚实的物质基础。

2.认清消费陷阱

一个欲望满足后，新的欲望又会冒出来。

社会已经从物资短缺的增量时代过渡到了物质过剩的存量时代，存量时代的目标就是消耗，而消耗来自消费者的各种消费行为。

什么会产生消费？那就是欲望。欲望令人难以摆脱，可以操控人心。当一个小欲望被满足后，就会诞生一个大欲望。这个欲望被满足后，又会产生另一个欲望。现代社会，商家会为我们制造各种欲望，让我们产生更多元的生活需求，他们则从中获得更大的利润。

有的人收入没有多少，消费却远远超出了自己的支付能力。有的人则严重依赖信用卡和消费贷款等提前透支工具，进行超出个人财力范围的消费。养成这种消费习惯，必定会导致自己债务累累，深陷借钱、花钱、赚钱、还钱的恶性循环，无法为今后的生活积累起足够的财富。

当你无法支付账单时，“资本”会把钱借给你，让你拿着这些钱去购买“资本”想要卖给你的东西。最终导致的结果就是，“资本”不仅赚走了你现在的钱，还赚走了你未来的钱，最后你成了“资本”的奴隶。

消费陷阱在我们身边比比皆是，它营造出一种美好的、超出我们能力范围之外的物质环境，并且让我们感觉所有人都是这么做的，我们也应该这样生活。如今商品品类越来越细化，概念也越来越多，商家在制造焦虑的同时，一步一步地引导着人们的消费。也有很多商家，将商品换个包装，加个概念，就能让价格翻倍，而消费者乐在其中。

我们每天接收到的消息，在不知不觉中进入我们的潜意识，默默地影响着我们的消费观念。长期接受消费概念的轰炸，时间久了，一些意志不坚定的人，就会尝试购买超出自己经济能力以外的东西，从而一发不可收拾。试着回想一下，你是不是因为某些主播或广告对某些产品大肆夸赞，自己一时冲动买了很多自己根本不需要的东西？自己是不是被一些演绎出来的生活状态吸引，购买了不少很鸡肋的产品，这些产品不但不能提高自己的生活品质，反倒成为生活的负担？当我们被牵着鼻子走，成为消费至上的追随者时，一旦经济风险来临，就没有丝毫的抵御能力。

社交媒体为我们提供了与他人即时沟通的平台，也在随时展示朋友们的消费经历，比如购物、聚会、娱乐、旅行、健身等。在了解他人消费的过程中，有没有足够的自制力，对于理性消费就显得越发重要。当我们看到朋友帅气的滑雪视频时，可能也会在冲动下购买一套滑雪装备。买完才发现自己每年只会滑两三次雪，租赁装备更合适，结果买回来的装备不仅耗费财力，也占用了大量储物空间。

一位脱口秀演员曾在节目中谈及这种现象，值得大家深思。现在大家老说要“爱自己”，要买各种昂贵的物品抚慰自己。如果你觉得这个东西不值这个价格，商家会说“你值得拥有”。从这里可以看出，商家说的“爱自己”可真贵！

对于商家制造的消费陷阱，我们需要时刻保持清醒的头脑，合理制订每月的支出预算，明确需求优先级，谨慎选择合适的产品，保护好自己的钱包。生活中，奉劝大家不要踏入消费债务的陷阱，理性消费。只有以收定支，勤俭节约，才能逐步实现自己的理财目标。有了足够的储蓄，才能为我们带来真正的快乐和满足感。

管理好今天的财富，才能追求明天的自由！

3.收入不等于财富

收入是暂时的，财富是持续的价值。

很多人都有一种错觉，认为浑身名牌，开着豪车的人，肯定拥有很多财富。事实可能是，他们只是在花父母的钱。一味花钱，并不意味着拥有财富。收入和财富是两个不同的概念，收入是一定时间内获得的金钱流入，比如工资、奖金或投资回报等。而财富是指拥有的资产总和（包括存款、房地产、股票等）减去负债后的净值。收入是即时实现的现金流入，财富则是具有持续性价值的资产。

收入是通过工作或投资获得的，而财富是通过储蓄、投资增值等方式积累而来的。一般来说，生活水平会随着收入的增长而提高。收入增长了，“需求”可能也在不断地提高。在这种情况下，收入虽然增长了，真正能存下来的钱并不会增加。想要让财富增加，就需要有规划地增加储蓄的比例，有了储蓄才能让钱生钱。

现在很多人都是“月光族”，这些人表面上看起来光鲜亮丽，生活品质要求极高，但是一旦生活中需要大额支出，就只能向家人、朋友开口，比如结婚花费、支付买房首付款等。人无远虑，必有近忧。如果没有长远的财务规划，遇到紧急状况时，必定会左支右绌。

我有一个朋友，她每个月在发工资的当天，都会先把其中的一半存起来，雷打不动。买东西时，她也总是货比三家，或者等促销季打折购买，这样可以省下不少钱。

还有一个件小事，可以说明她省钱有道。有一次她工作调动，要从北京搬到河北。进火车站安检时，因为有一大瓶化妆品是喷雾，属于危险品，所以火车上不能携带。朋友觉得化妆品丢掉可惜，于是让我帮她找快递寄过去。送她去火车站的我当时很惊讶，我从来没有想到还可以这么处理，心里不由得佩服她的节俭。这种事情如果发生在我身上，可能就会选择扔掉。

她还为自己购买了十年期的商业保险，每年年底存入一笔钱，强制自己储蓄。她说这是为自己的老年生活做打算，年纪大的时候可以按时从保险公司领取自己的“养老金”。

我一直觉得这位朋友的财务规划长远而稳定，时间长了，一定能积累起不少财富。果不其然，过了几年后，我们在一起聚会聊天，此时她已换了一份收入更高的工作，她说她这几年时间已经攒下一大笔钱，付首付买了一套属于自己的房子。

一个女孩在外打拼，工作上积极进取，生活上勤俭节约，终于积累起了属于自己的财富。按照她的这种财务管理方式，我想今后她一定会越来越富有。

收入可能会因为失业或经济波动而变化，因此想要长期积累财富，必须以一种更有节制力的方法来管理自己的收入——控制支出，强制储蓄，合理创收，学会投资，让钱生钱。尽早积攒财富，有了一定的财富积累后，可以通过合适的理财方式，让财富产生被动收入，这样就可以不再单纯地依赖工资收入来维持生活。规划合理的话，可以先于同龄人实现财务自由。

总之，多入少出，开源节流，才是真正的致富之道。

4.配偶对财富的影响

一致的财富目标能为家庭带来更多的经济利益。

谨慎选择人生道路上最重要的角色——配偶。如果丈夫或妻子拥有一定的经济能力，或者认同并支持对方的财务管理方法，婚姻才具备积累财富的可能。

夫妻间互相尊重和充满爱的关系，能为家庭带来更多的经济利益。夫妻双方都必须为自己的家庭承担相应的财务管理任务，不能是一个人精打细算，另一个花钱如流水。有时候，配偶难免会出现花钱超出预算的情况，另一方就需要及时提醒，承担更多的财务管理责任，让自己的配偶不要被过度消费所驱使和支配。

夫妻双方对财富目标的意见一致，能顺利地施行家庭财务规划。经济上成功的家庭，都是夫妻共同努力的结果，二者具有共同的财富目标，对实现目标的方式和途径有相同或相近的看法。

另外，夫妻双方互相认可度越高，婚姻的持续性越强。

据媒体采访，一些富翁的妻子是全职主妇。虽然她们本身创造财富的能力有限，但是优秀的全职主妇会把家庭事务操办得妥妥帖帖，切实执行夫妻间共同规划的家庭财务支出预算，不因花钱起摩擦。优秀的全职主妇还会不断地学习知识和技能，参与交际应酬，给丈夫的事业发展提供源源不断的支持，努力维持家庭的稳定；对丈夫的事业发展和经营决策百分之百地信任，也让在外打拼的丈夫没有顾虑，坚定地朝着目标前行，勇于承担经营风险。每位家庭成员在财务管理上虽然扮演着不同的角色，但每个人都在为实现更大的财富目标添砖加瓦。

虽然稳定和长期的婚姻并不绝对能带来财富，但大家都知道，如果夫妻关系不融洽，导致婚姻破裂或产生嫌隙，会给实现财务目标带来很多麻烦，比如婚姻破裂导致的财产分割。从一些离婚案例中可以看到，几乎每个人都会因为离婚而导致财富严重缩水。经营好自己的婚姻，对积累财富非常重要。如果家庭分崩离析，自己辛苦积累起来的财富也会大量缩水，有些人甚至要从头再来。

曾经看过一个为了经济止损而离婚的案例。一位妻子花钱总是大手大脚，经常去国外旅行，里里外外都是昂贵的国际大牌，连洗水果的水都要买进口的品牌。前几年因为想赚更多的钱，她在“炒”某种投资商品时被骗，损失了大半套房子的钱。但是她隐瞒了这件事，编造各种理由找朋友们借钱，导致债务越借越多，根本还不上。她不仅欠了一屁股债，也失去了很多朋友。

由于债务越来越多，她已在朋友中失去信用，没有人再借给她钱。她就偷偷在网上贷款去还债，没想到这种办法不仅还不清债务，还让她越欠越多，利息越滚越高。丈夫知道事情的真相后，选择跟她离婚。她虽然收入很高，但是每个月有更多的负债等着还，何谈家庭未来的财务规划。

离婚时，他们卖出了两套房子，也没有还清所有负债。他们本来可以过相对富裕的生活，提前实现财务自由，却因为妻子无节制的消费和荒唐借债，将打拼半生的财富付之东流。

夫妻间一定要以诚相待，出现问题时双方共同想办法应对，才能及时化解危机，转危为安。从上面的案例也可以看出，选对合适的配偶，对财富积累的重要性显而易见。大部分千万富翁都表示，他们的配偶对自己事业取得成功和积累财富至关重要。如果另一半有良好的理财习惯，比如定期储蓄，理智消费，可以对家庭产生积极的影响，不断提升家庭的财富积累。另外，一个家庭也需要建立应急储备金，以抵御经济发展不确定性带来的冲击。

夫妻共同规划未来，合理分配开支，提高储蓄能力，共同承担风险，建设性地处理财务问题，才可能保持健康的家庭关系，并实现长期的财富积累。

5.家庭财务规划

合理预算，定期复盘。

我们知道了开源节流、控制支出的重要性，也知道家庭理财规划是管理财务和确保家庭稳定的关键因素，但是如何把理论落实到行动中呢?

首先，要分析家庭收入和固定支出状况，列出自己和配偶的年收入（包括薪水、福利、投资回报等）、个人和家庭现有存款、固定资产（比如住宅房屋、商铺等）的价值，然后列出目前的个人和家庭开支，比如房租、贷款、保险、食品、服饰、交通、水电费、医疗、日用品、学习进修、人情往来、娱乐等支出。有孩子的家庭，还应该列出孩子的生活费用、学校开销，以及未来的教育投入。有老人需要照顾的家庭，还需要列出老人的赡养费和医疗费用。如果收入稳定，需要考虑自己和配偶目前的年龄、退休的年龄，以及在这期间可以获得多少收入，退休后每月可以领到多少退休金。

掌握了家庭的基本财务情况后，计算夫妻俩每年的总收入、总支出，以及需要为孩子、为整个家庭支出的资金，算出家庭每年结余的数目。有了盈余和可支配的资金，除了储蓄之外，还可以寻找一些可靠的投资项目，适当投入一定的富余资金，让钱生钱。购买适当数额的保险，也可以让家庭拥有一定的抗风险能力。

然后，要制订合理的支出预算。根据家庭收入和固定支出，把资金合理地分配到衣食住行等各项开支中。根据家庭成员共同商量的意见，对各种开支排出优先顺序，设定合理的预算限制。设定好预算，就需要日常记账，每月甚至每周监督家庭的支出，看看有没有超出预算的情况。对自己的个人开支，也要务必保持谨慎。坚持这样做下去，可以了解自己的消费习惯，找到节省开支的机会，确保支出的每一笔钱都有必要的目的与价值。

家庭中难免会出现意外情况，比如家庭成员突发疾病、房屋紧急维修甚至调换工作岗位等。为了应对这些突发状况，每个家庭都必须建立应急基金。将每个月收入的一部分存到银行，作为应急基金备用，数额最好是可以保证家庭三到六个月的生活开支。这样，当遇到紧急情况时，就可以从容面对，不会因为资金紧缺而束手无策。

家庭财务规划和支出预算不是一次性完成的，而是一个动态的过程。定期复盘和调整支出计划，并追踪实际支出情况和效果，是每个家庭都有必要坚持做的事情。定期复盘家庭收入，可以及时发现不合理的支出和预算漏洞，合理调整财务规划，对家庭财务做到更有效的管理。这样不仅能保障日常生活，也能为未来的生活建立经济基础。

财务稳定和可持续发展，是每个人、每个家庭努力的方向，大家一定要高度重视，认真对待。

第五章

时间管理

1.以目标为前提

一致的财富目标能为家庭带来更多的经济利益。

没有目标，何谈时间管理。很多人经常对自己说，“今天不要熬夜了，要早睡早起”。实际做起来却口不应心，刷视频刷到凌晨才勉强入睡，循环往复。如果第二天早上有很重要的事情要做，很多人就不会拖延，而是早早入睡，以免耽误要事。由此可以看出，很多时候，拖延是因为内心缺乏重要的目标。

如果没有清晰的需要达成的目标，很难有高效的时间管理。大家可以问问自己，在工作、生活、家庭方面有没有想实现的目标。如果想保持现在的状态，觉得没有什么问题，也没什么努力实现的目标，就不必在意时间管理，周而复始地过日子也是一种选择。但是，如果自己有想要达到的人生目标，那么就需要学习时间管理，学会有效利用时间，以便顺利达成目标。

上班时的时间管理，可以帮助我们快速完成本职工作。下班后闲暇时间的时间管理，能帮助我们提高能力和生活水平。谈到时间管理，很多人有一种错觉，以为时间管理就是每天 24 小时安排得满满当当，按部就班。其实，真正的时间管理，是让我们知道自己为了什么而努力，在哪个方面要多花些时间，哪些地方不必浪费时间。好的时间管理，可以让大家更轻松地完成各项工作和生活目标，而不必整天忙于各项事务，疲于应对。

如果今天有 10 件事要完成，可以将它们罗列出来，排出优先顺序，看看先完成哪件事，后完成哪件事，看看如何分配时间更有效。把完成各项目标需要的时间组合在一起，就是这一天的时间安排。当安排这 10 件事时，一定会觉得一天的时间怎么这么少，除去睡觉、吃饭、间歇休息和通勤，真正能利用的时间并不如我们感觉的那么多。在安排具体时间表的时候，大家可能会来回修改很多次，才能把这 10 件事安排好。接下来，就要按照时间表完成各项事务，每完成一项就划掉一项。当划掉第一项的时候，心里就会燃起斗志，继续第二项。每划掉一项，就会产生更多的成就感，正向激励自己制订每日计划。

实现更大的目标，还需要明确短期和长期需要完成的各种事项，但所有的目标都需要从完成每一天的计划开始。制订了时间管理计划，就要脚踏实地，严格遵守自己的计划。

时间是这个世界上最值钱的东西。可以用金钱买别人的时间，但不能为自己创造更多的时间。时间不可逆，大家要且行且珍惜。成功人士最大的特质，就是有很强的自制力。他们不一定有多么聪明，有多么高超的技术，但他们一定懂得规划，擅长时间管理。他们就是因为能够严格执行目标计划，才慢慢与别人拉开距离，越走越远，越走越快。

2.四象限法则

将任务按照重要性和紧急程度划分为四个象限。

我们总觉得有一堆事情等着自己去做，还时不时会出现一些突发情况来给我们添乱。面对纷繁复杂的任务，该怎么给它们归类、排序呢？有一种方法可以帮助我们理清思路——四象限法则。四象限法则是美国管理学家史蒂芬·科维提出的一种时间管理理论，该理论将任务按照重要性和紧急程度划分为四个象限，帮助我们更有效地管理时间和任务。

四个象限分别如下。

• 重要且紧急：这些任务需要立即处理，例如处理客户投诉或完成即将到期的任务。

• 重要但不紧急：这些任务虽然不紧急，但对长期目标有重大影响，比如进行职业资格学习培训。

• 紧急但不重要：这些任务看似紧急，但实际上对长期目标没有重大影响，如接听电话或参加公司安排的不必要的会议。

• 不重要且不紧急：这些任务既不紧急也不重要，通常是浪费时间的活动，如看别人转发的网络视频或闲谈。

我们在应用四象限法则时，首先要准确判断任务的紧急性和重要性，然后按照步骤操作：优先处理重要且紧急的任务，这些任务需要立即处理，以避免延误。投入主要精力在重要但不紧急的任务上，这些任务虽然不紧急，但对实现长期目标至关重要，应未雨绸缪。委托或减少紧急但不重要的任务，这些任务看似紧急，但实际上对长期目标没有重大影响，可以通过委托别人或减少这类任务来避免浪费时间。避免不重要且不紧急的任务，这些任务既不紧急也不重要，应尽量避免投入时间和精力。

可以将四个象限用不同颜色标记，提示自己按顺序完成。

第一象限（重要且紧急）：红色标记，表示需要优先处理。

第二象限（重要但不紧急）：绿色标记，表示需要投入精力，未雨绸缪。

第三象限（紧急但不重要）：黄色标记，表示需要委托或减少。

第四象限（不重要且不紧急）：蓝色标记，表示应尽量避免。

我们平常总是过分关注重要且紧急的事项，因为它是紧迫性的问题，继而忽略了其他三项。为什么不将任务区分为“重要且紧急”和“其他”呢？这是因为第二象限即“重要但不紧急”的任务，才是真正影响人生质量的事情。这类任务基本上都是战略性任务，需要持续投入精力，也可能需要寻找机会，更需要由近及远的长期规划。

除了任务规划以外，大家还需不断复盘自己的任务和时间分配，不断优化。每天如何对待这四类事情，就是在选择如何度过我们的一生。

3.善用工具

顺利执行时间表是充满挑战的事。

我们总是听到自己或别人抱怨:“时间过得太快了，没干什么，今天就过去了。”“为什么我总是提不起精神按照自己制订的时间表完成每一件事，效率怎么这么低？”

制订好自己的时间表后，能不能顺利执行，是摆在每一个人面前的一件充满挑战的事情。按计划执行，需要强大的意志力支撑。另外，如果我们想要更好地工作、学习，还需要适当地安排间歇休息的时间，这样才能让我们有精力和体力完成每天的任务。

弗朗西斯科·西里洛的番茄工作法早已被大众熟知，这种方法可以让我们把精力专注于当下，避免不必要的压力。这种工作方法就是列出一天要做的事情，设置 25 分钟的闹钟，从最优先的事情开始做，为自己计时；每 25 分钟为一个“番茄时间”，然后设置一个 5 分钟的休息时间。简单来说，就是一次做一件事，做 25 分钟，中间休息 5 分钟。这种方法可以让我们在繁忙的工作状态中为自己立界限，做好注意力管理。

面对复杂的任务，一般需要很长时间才能完成，这个过程中就会出现拖延。番茄工作法让我们拆分时间，使执行路径更加清晰。每个人都可以预估自己某项工作需要几个番茄时间，在每一次番茄计时后获得正向反馈，再接再厉，也不再觉得任务是那么艰巨。

这一理论在推广的同时，还出现了一个配套的实物工具——番茄计时器。番茄计时器是一个红色的像番茄一样的计时工具，设计得非常简单。计时工具有一个可以扭动的按钮，可以设置一个小时的计时时间，数字从 0 到 55，每 5 分钟有一个数字间隔。需要计时的时候，用手轻轻将上下两部分扭动一下，想计时几分钟，就让下面的箭头对准标尺上几分钟的数字，到时间这个计时工具就会发出提醒声。这个计时器是机械式的，不需要电池，相当于利用发条原理来计时。

当设置了 25 分钟的番茄时间后，大多数人都会抓紧时间干，非常投入于自己手中的工作。真正投入工作后，会感觉 25 分钟过去得很快，转眼间计时器就响了。即使想继续干，也应按照番茄工作法的要求，先休息 5 分钟，起身去看看远处，喝点儿水，与人说说话，休息一下，待休息计时结束提醒时，再继续回到工作中。把大任务划分成一个一个番茄时间，可以让大家有计划地全身心投入工作，加上间歇休息的即时奖励，会让我们不再对巨大的工作量产生抗拒，有效掌控自己的工作和休息节奏。

除了番茄工作法，还有很多时间管理工具。比如帮助我们记录工作、任务以及规划时间的应用软件等，可以利用手机来管理自己的各项事宜。将要做的事情记在应用软件里，设置提醒，可以减轻自己的大脑负担，管理起来更加轻松。也可以在“日、周、月”等日历中灵活安排自己的任务，轻松安排每个时间段的工作。还有很多时间管理工具，大家可以根据自己的需要，选择得心应手的工具来有效地管理和执行任务，提高工作效率。

时间管理不是让我们去应付时间，而是让我们有效地进行自我调节，进入执行某种事务的最佳状态，从而拥有一个充实而快乐的人生。

4.手机瘾的断舍离

减少手机依赖，拥抱真实的生活。

我们常常感叹“时间去哪儿了”。现代社会中，最容易让我们失去时间的应该就是手机了！我们与手机形影不离，白天晚上都对着它翻来翻去，一刻看不见它就魂不守舍。如果大晚上熬夜工作，我们肯定一会儿就困得睁不开眼，但是盯着手机刷各种视频、玩游戏，却可以让我们精神抖擞地再熬两个小时。

我们可能会甩掉男朋友、女朋友，但永远不会甩掉手机。一部手机在手，再也感觉不到孤独，因为手机里随时都有无限精彩的内容来陪伴自己。但是，刷了一天的手机，到晚上上床睡觉时，我们好像也不记得自己看了些什么，甚至不记得自己真正想做什么。如果每天把大量的时间用在刷手机上，耽误了工作、学习和休息的时间，就应该提醒自己要和手机瘾做一个断舍离了，因为手机是时间的“小偷”。

智能手机进入我们的生活，不过十几年的时间，却让我们的生活有了翻天覆地的变化。这些变化有好的一面，也有不好的一面。好的一面是让我们的生活更加便捷和高效，但是，也让许多人沉迷于手机，不能自拔。

手机应用的设计者会不断地为用户提供新奇感，手机里总有各种新奇的事儿等着我们，刺激着我们的大脑，释放令人愉悦的多巴胺，让我们停不下来。手机应用软件一般都是免费的，广告商才是他们的收入来源。我们在手机应用中投入的注意力越多，向我们展示产品信息的机会就越大，我们花在上面的时间，就是手机应用可以换取价值的产品。

以前开车出门，要用自己的脑子记住各个地点的地理位置，自己辨别方向，记住复杂的路线。这个过程虽然有些难，但锻炼了大脑中负责记忆的区域。现在，只要在导航上输入几个字，照着手机的语音提示走就可以，不用再去费力记忆。现在很多事情都是如此，不用记忆，直接用手机搜索就可以了。手机虽然为我们的生活提供了许多方便，但也让我们失去了很多锻炼大脑记忆功能的机会。

手机成瘾改变了我们的大脑，缩短了注意力持续时间，损害了记忆，伤害了眼睛和颈椎，并引发压力和睡眠问题，对我们的精神状态产生了负面影响。

那么怎么与手机瘾说“拜拜”，夺回自己的时间呢？首先，可以制订一个断舍离计划，通过追踪应用软件来监控自己每天使用手机的时长，并设置提醒。根据自己的时间和任务管理需要，每天设置一个小时或几个小时的时间，在这个时间里不使用任何电子设备，专心完成自己的工作任务。

可以在家里或工作场所设立一个无手机区域，不用手机的时候，把手机放在一个看不到的固定的安全位置。比如，把手机放到不显眼的地方。可以用机械闹钟提醒自己起床，不必把手机放进卧室；还可以写一句激励自己的话，如“手机断舍离，注意力不转移”，拍照后设为屏保。当忍不住拿起手机时，就会看到这句话，提醒自己不要沉迷于手机。设定手机的自动开关机时间，不必整晚开机。可以告诉需要沟通的人，有重要事情打电话，不要发信息，自己不会老盯着手机。有了大家的支持和配合，才能更好地与手机断舍离。

手机设置里的“隐私”功能，一般会有自己几天内使用各种应用软件的次数，根据该功能，可以了解自己通常会使用哪些应用。与手机断舍离，可以卸载那些基本上不会使用的应用，以及对自己并无重要意义但内容精彩的应用，以减少浏览社交媒体的时间。关闭非必要的应用通知，避免自己被频繁的消息提示打断。

看手机的时间少了，我们拥有的时间就多了。在完成工作、学习任务后，大家还可以阅读纸质书，听听音乐，放空冥想，叠叠衣服，擦擦地板，给花草浇浇水，去户外走走，锻炼一下自己的小肚腩……现实生活中可以做的事情很多，减少手机依赖，拥抱真实的自己，一定能提升工作效率，提高生活质量！

5.如何管理别人的时间

与人合作，积极利用别人的时间。

前面说的时间管理，都是指管理自己的时间。但很多时候，我们在与人合作中，还需要管理别人的时间。

不仅与自己部门的同事经常有合作，还有不少跨部门的合作，跨部门的合作更是需要大家互相协作。但是，如果有的人一遇到点儿问题就找别人帮忙，一些小事明明自己可以解决也要麻烦别人，这时就要学会委婉拒绝。合理拒绝可以避免浪费太多时间，也能让对方认真对待需要自己负责的事情。

如果手里的工作需要配合领导，就需要了解领导的时间安排，在领导有空的时候主动沟通或汇报进度，好让领导针对最新进展做出新的指示，以便尽早开始后续的工作。有了领导的明确指示，自己也能更好地梳理工作流程，以免工作出现拖延，事到临头缺少补救的机会。

在专心工作的时候，如果不想有同事来打扰自己，可以与大家约定一个交流的时间。除了特别紧急的事情，大家都在这个固定时间来沟通，这样就可以在非讨论时间集中精力做好自己手里的事情。

如果要麻烦别人怎么办？记住要提前预约。习惯随时抓人给自己帮忙的人，大家肯定会避之不及。因为请人帮忙，肯定会打乱别人的工作节奏。提前跟别人预约，这是对人起码的尊重，毕竟没有人是坐在那里随时等着帮你的。

与别人预约时间前，需要预估一下做某件事需要准备的内容和时间，比如“我明天下午 2 点想请您帮忙审核一下某份资料，大概需要占用您半个小时”。在与他人约定沟通的时候，可以提前把即将交流的信息告诉对方，使对方对这次沟通有一个提前准备，能更高效地解决问题。

在请教专业人士时，其实我们是在用很短的时间获取别人多年的经验，这等于节省了自己摸索的时间，所以在向专业人士请教时，应该用谦卑的态度待人。懂得尊重别人，懂得为别人提供展示的舞台，才能不断联合高手，利用别人的时间，实现自己的抱负。

提前预约别人的时间，尊重和理解对方的日程安排，制订任务时间表，定期沟通和汇报进度，及时查漏补缺，管理好自己和别人的时间，才能保质保量按时完成我们的工作任务。

6.利用上下班路上的时间

每天的碎片时间，可以完成很多非紧急事务。

每天上下班的时候，路上会有一个碎片时间。在大城市工作，一般通勤时间都是一个多小时，把每天上下班路上的这一两个小时利用起来，时间久了，会产生令人惊讶的效果。

如果每天开车上下班，可以利用开车的时间收听电台广播，播放手机音频，用来了解时事，练习英语听力，学习新知识，还可以练习演讲。坚持一两个月，相信能看到自己的进步。

如果乘坐公交车、地铁等公共交通工具出行，可以携带自己最近需要阅读的书籍，或打开自己喜欢的公众号文章，在路上阅读。还可以下载一些有声图书和英语资料，利用这些碎片化时间慢慢提高自己的知识水平。也可以在通勤时间里规划当天的任务和目标，等到了公司就可以快速进入工作状态，提高工作效率。

如果喜欢音乐，可以利用这段时间听自己喜欢的曲子，使这段上下班路上的时间成为自己专属的听觉盛宴。

如果喜欢写作，可以利用这些碎片时间思考自己的作品，在手机里或在随身笔记本里记录突如其来又转瞬即逝的灵感。如果喜欢写日记，这段大好时间可以用来记录自己的点滴生活，包括翻看自己的照片，保存生活中的美好回忆。把那些不太重要也不紧急的事情放在上下班路上做，可以节约不少时间，有时间去做更重要的事。

如果有减肥的需求，还可以利用上下班的时间做锻炼，比如穿上活动方便的服装和鞋快步走到车站，在车上做收腹挺胸靠“墙”站等动作来保持挺拔身姿，下车后快步走或小跑到公司，一趟下来也能消耗几千卡路里。如果住的地方距离公司不太远，可以步行或骑自行车上班，既环保还能消耗更多热量。

如果喜欢植物，也可以在有花草树木的地方提前一站下车，在步行前往公司的路上欣赏美丽的景色，认识和观察不同植物在四季的变化，为生活增添一些乐趣。

如果感到疲劳，也可以在路上通过冥想和睡觉来减轻压力，积蓄精力。什么都不看、不听、不想，放空自己，能为新一天的工作做好心理准备。

有效利用上下班路上的时间，实现自我提升，或让自己身心放松，这些碎片时间积累起来，可以让我们有意想不到的收获。

7.远离“拖延症”

不要让纠结心态磨掉追求成功的动力。

身边经常有人会随口而出“我的拖延症又犯了”。的确，生活中很多人总是将完成任务的时间延后，总觉得可以等一会儿再去做。大家总是很自信自己能把一件事做好，但又缺少高效的行动，或者总是把注意力集中于细枝末节，纠结于各种困难，导致工作迟迟无法推进。“拖延症”在医学中的解释是指自我调节失败，在能够预料后果有害的情况下，仍然把计划要做的事情往后推迟。

拖延，是现代社会普遍存在的一种现象。一项调查显示，大约 75% 的大学生认为自己有时拖延，50% 的人认为自己一直拖延。拖延对我们的时间管理产生了极大的威胁。严重的拖延症还会给个体的身心健康带来消极影响，如出现强烈的自责情绪、负罪感，不断地自我否定和贬低，并伴有焦虑症、抑郁症等心理疾病。如果我们在生活中出现这种苗头，一定要重视。

那么，哪些因素会造成拖延呢？一般来说，任务的难易程度会影响我们拖延行为的发生，任务越复杂，越容易拖延。当我们认为某项任务超出自己的能力时，由于缺乏对成功的控制感，那种对未知的恐惧，常常会导致我们采用拖延的方式推迟或逃避执行该项任务。

另外，任务的奖惩时限也会影响任务的完成效率。如果奖赏及时，会减少完成任务的时间拖延。如果没有奖赏，或者在很久以后才能得到奖赏，就会造成拖延。

对任务的厌恶程度，也会影响任务完成效率。如果面对可能带来令人乏味、产生挫败感和怨恨的任务，人们会首先选择回避。如果不能回避，就会尽可能地推迟面对。

倾向于完美主义的人，也常常会有拖延行为。完美主义可分为积极完美主义和消极完美主义。积极完美主义者会积极寻找方法完成学习任务，以达到理想的成绩；消极完美主义者则更多采用拖延的方式来逃避失败，因为达到完美状态需要比一般人花更多的时间。

遇到想要拖延的情况，可以先将大任务分解为更小、更好管理的任务来操作。为每一个小步骤设定截止日期，最好有一张纸质的任务清单放在工作台上。在设置日程表时，工作安排不要太满，以便在某项小任务没完成时，可以在当天晚一点儿的时间弥补。每完成一项小任务，就看看自己是不是超时了，争取在下一项任务中追回失去的时间。

想要避免拖延，还需要甩掉“过会儿再做”的念头，即刻开始行动，不要反复怀疑。要在做中学习，在做中修改，在做中完善。及时清理自己的工作阵地，不要出现具有诱惑力的物品，比如手机、娱乐设备等，给自己创造一个专注且无打扰的工作环境，这样有助于提高效率。

还可以找到能激励自己完成任务的人或事情，比如，“做完这件事，我就可以约好朋友去聚餐”“做完那件事我就去看一场电影”。给自己一个小小的奖励，会激发大家快速完成手中的工作。

另外，接受“不完美”，也是避免拖延的重要一点。人要适当给自己留下一些进步的空间，不要过分追求完美。

我们很难让自己一直保持强大的意志力，在工作和生活中，可以通过这些方法，让自己增加成功体验，以逐渐减少拖延，提高效率，提升时间管理能力。

第六章

恋爱关系

1.爱情的美好

抱紧你的我比国王富有，失去你的我比乞丐落魄。

恋爱是一个人在生命历程中能够自主、自愿、自由建立的一种亲密关系。谈恋爱的意义就是让自己和所恋、所爱的人彼此倾慕，互相关心，互相陪伴，互相帮扶，并期盼彼此信守承诺，相伴一生。爱情是什么？它是炎炎夏日里的一抹清风，是凛冽寒冬里的一炉炭火，是高山流水间的一种相知，它让四季变得浪漫，让平凡的日子变得色彩斑斓。

从古至今，浪漫的爱情都令人向往。我们都憧憬美好的爱情，可是，并不是每个人都能够拥有美好的爱情。爱情百味，一言难尽。有一句歌词把爱情形容得很贴切：“抱紧你的我比国王富有，失去你的我比乞丐落魄。”无论贫穷还是富有，每个人在拥有爱情时都无比甜蜜，在失去爱情时都伤心欲绝。

爱情是一种强烈的情感纽带，它让我们与特定的人之间建立起深厚的情感联系。这种联系超越了简单的喜欢或好感，让我们愿意为对方付出，关心对方的喜怒哀乐，甚至愿意为对方改变自己。

爱情还涉及心理层面的互动。在爱情中，我们会经历各种情感的起伏，喜悦、激动、焦虑、失落等。这些经历不仅能让我们更加深入地了解对方，也让我们更加了解自己。同时，爱情还能激发创造力和想象力，让我们在平凡的生活中发现独特的美好。

爱情也是一种生理反应。当与心爱的人在一起时，大脑会释放出多巴胺、内啡肽等“快乐激素”，让我们感到愉悦和兴奋。同时，爱情还能促进我们身体健康，增强免疫力，让我们更加充满活力。

爱情还是一种社会现象，它受到文化、历史、家庭等多种因素的影响，并在不同的社会环境中呈现出不同的形态。在理解和处理爱情问题时，需要考虑到这些因素的作用。

爱情是一种复杂而美好的情感体验。它让我们感受到生命的温暖和力量，也让我们在相互的陪伴和支持中不断成长和进步。

当我们爱上一个人时，会变得更加积极乐观，对生活充满信心和希望。同时，也会变得更加体贴入微，关注对方的感受。这种爱的力量，让我们变得更加善良、包容。美好的恋人会珍惜彼此，努力维系这份感情。

不过，人生不会一帆风顺，就算积极、勇敢地追求美好的爱情，有时也避免不了恋爱的挫折。有人爱得小心翼翼，患得患失，姿态低到了尘埃里，也换不回对方的一丝回报；有人爱得风风火火，轰轰烈烈，哪怕遍体鳞伤也不退缩。

如果两人之间的恋爱关系长期让你感觉痛苦远远大于美好，请重新审视这段关系，确定自己有没有必要忍受煎熬。无论多少次为爱受伤，多少次跌跌撞撞，很多人依旧在等待、追寻自己的爱情。恋爱的过程有蓝天白云，也有狂风暴雨。恋爱中的人既要有接纳和包容的胸怀，有时也需要及时“止损”，这样才能收获美满的幸福。

好的恋爱关系是一种依恋和联结，是情侣间持久的滋养与扶持。美好的亲密关系能帮助我们抛开不愉快的过往，开启一段令人欣喜的人生之旅。

因为爱，你会遇到更好的自己。

2.无限接近幸福

遇上对的人，是最美的相遇。

精神分析学派创始人西格蒙德·弗洛伊德曾说过：爱情和工作，就是生活的全部。

有人认为，爱能让懵懂的少年瞬间变得成熟稳重，让随性的人更懂得生命的责任和意义；也有人觉得，爱让人失去了自我，让聪明人的智商变低了，让一个洒脱的人变成了牢笼里的“困兽”。有人把爱情比作天山上的雪莲，圣洁不容玷污；也有人把爱情当作一场游戏。即便有人将爱情看作可怕的火坑和陷阱，也难以阻挡人们奋不顾身地往下跳。人们憧憬爱情，投入爱情，失去爱情，祭奠爱情，而后开始全新的旅程。

在一位唱歌很好听的女孩的主页里有一个音乐视频，视频下面有将近200条评论。这200条评论几乎全是一个男孩的留言。从期待见到她，到心疼她，到生气她看别的男孩，担心自己是备胎，再到说气话、道歉、表白……他每天都给她写留言，估计之后还会继续。这是一个男孩对一个女孩的爱慕，是男孩无限接近幸福的时刻。这段煎熬的时光，可能会成为未来回忆里的浪漫。

虽然大多数情况下都是由男性追求女性，但是幸福的爱情从来都是相互的。如果只有一个人付出而另一个人没有回应，只有一个人体贴而另一个人粗心大意，那么爱情的天平就会失去平衡。如果男孩喜欢一个女孩，一定会想尽办法跟她在一起，和她分享所有的美好。但是如果女孩总是爱答不理，那么这样的爱情也不会持续很久。爱情就像一种能量转换器，你今天为她付出一些，明天她对你体贴一分，随着时间的推移，彼此的付出就会变成爱情的基石。爱情是一种特殊的社会关系，是人与人之间最强烈的吸引形式，是一种建立在公平基础之上的等价交换。两个人的爱情需要“势均力敌”，才能有持续的动力。

在这个世界上，没有完全相同的两片叶子，也没有完全相同的两个人。性格是影响爱情质量的重要因素，爱情也是改善性格缺陷的宝贵机会。我们遇到的爱人往往是对我们的投射，选择的恋人反映了我们的需求。期待什么，你就会遇到什么。

每个人都有优点和缺点，学会包容是维系感情的重要一环。在交往过程中，要学会欣赏对方的优点，也要接受对方的不足。

只有建立起互相尊重和理解的桥梁，才能共同面对未来的挑战。不要因为失败或挫折而放弃，也不要因为急于求成而忽略了自己的感受。相信自己的价值和魅力，相信自己能够找到合适的伴侣。

在芸芸众生中，只要用心去寻找，相信一定能找到与你相爱的人，这就是最美的相遇。

3.恋爱中的两性差异

换位思考，不同而合。

研究表明，男性和女性的大脑结构存在很大的差异，不同的大脑活动使恋爱中的双方对同一件事有着不同的思考方式与表达方式。我们需要认识到两性的差异，才能在与异性相处时理解对方。学会换位思考，才能维系和谐的两性关系。

一般来说，女性的语言表达能力要远远强于男性。人类大脑中负责理解谈话内容或文字意思的区域，称为“韦尼克氏区”。在这个区域，女性的神经细胞数量要比男性多12%。这种差异在语言的流畅性、文字的理解力等方面表现非常明显，女性在这些方面会比男性更优秀。

有时候，女生发了一大串文字消息，男生可能才回复一句话，使用的大多是“嗯”“哦”“好的”这些很简洁的话语。遇到这种回复，女生往往会想，他是不是在敷衍我，他是不是不爱我了？

事实并非如此，这是由于男女大脑中情绪语言的控制区域不同造成的。在交谈的时候，男性只使用一个半脑，而女性则使用两个半脑。女性在处理语言时，调动的大脑区域更多，所以语言能力自然比男性更强。女性善于把她的情绪用语言表达出来，也就是说大部分时候，女性说话是在表达情感，而男性则是在传递信息。

男性在表达情感时，往往更加注重事实和逻辑，女性则更加注重情感和直觉。男性在表达情感时，往往更加直接和坦率，而女性则更加婉转和含蓄。很多女生喜欢让男生猜自己的心思，如果很多话不说出来，对方没理解到位，就会独自伤悲。男性更倾向于寻求独立和自由，女性则更倾向于寻求安全和稳定。大脑思考部位不同，引起了男女思考方式及结果的不同。

一般男性的体力强、力量大，能承受较重的体力劳动和较强的运动负荷。男性的柔韧性天生不及女性，对于疼痛的忍耐力也没有女性强。从另一个角度来看，男性的内心其实并非永远坚强，很多时候也需要女性的抚慰。

在对亲密关系的期待中，女性更注重浪漫的情感，而男性则更加关注实际需求。在情感表达上，女性有更多、更丰富、更开放的情感表达，而男性更内敛。有人用一个例子总结了男性和女性在思维上的差异：一对情侣在同一天写日记，女性可能洋洋洒洒写了两大篇，日记中充满两个人当天的生活细节；而男性的日记可能就一句话:“唉，又输球了！”

在了解了两性之间存在的差异后，恋爱双方需要接受这些差异，而不是试图改变对方，以迎合自己的期望。了解彼此的差异，可以减少冲突和摩擦，让恋爱关系更加和谐。当我们理性地看待彼此的差异时，会更加欣赏对方的不同之处，也会更加珍惜这段独一无二的恋爱关系。

“男人来自火星，女人来自金星。”了解两性心理差异，是通向成功恋爱与婚姻的重要阶梯。

4.恋爱的不同阶段

从相知到相守。

恋爱是一场甜蜜又充满变数的旅程。从最初的心动，到最终的相守，每一步都充满了情感的波动与变化。一般看来，恋爱可以大致分为五个阶段。

第一阶段——暧昧期。这个阶段比较难熬，双方“来电”，互相产生好感，想到对方就会心跳加速，暗暗关注与对方有关的一切。想方设法了解对方的喜好和习惯，心中的这个秘密让自己既兴奋又紧张。这时，只要有一个人勇敢地迈出一步，就有可能进入下一个阶段。

第二阶段——热恋期。在双方眼里，都觉得对方无比美好，在一起的时刻有说不完的话，空气弥漫着浪漫的气息。无论是逛街、看电影还是吃饭，都享受着彼此的亲密陪伴。每次分开都恋恋不舍，每个细节都透露着甜蜜。

第三阶段——磨合期。开始展现真实的自己，不再刻意掩饰，而是愿意让对方看到真实的自己。双方更加了解彼此，也发现了对方的一些缺点。对方的形象不再如当初那么完美，矛盾开始突显，争吵越来越多，分手的念头可能时不时出现在彼此的脑海中。这是正常的情感波动，也是考验感情的时刻，需要理智看待。通过争吵与和解，能够更加深入地了解彼此，学习更好地相处和沟通。当彼此的缺点都不足以让彼此分开，便学会了包容与理解，愿意为对方改变和妥协。这种互相成就的感觉，会让感情更加深厚。

第四阶段——独立期。经历磨合期后，彼此的情绪更加稳定，也开始需要更多的私人空间。两人不再是做什么事情都形影不离，彼此都需要给对方留下足够的独立空间，因为每个人都有自己不同的圈子，需要呼吸外面的空气。坦诚并自在地相处，可以让感情更加深厚。

第五阶段——婚姻期。彼此信任、支持和理解，愿意为对方付出一切。这种深厚的感情基础，是相守到老的重要保障。倘若携手走进了婚姻的殿堂，彼此不再只是恋人关系，已经变成了最亲密的亲人，双方已经习惯了有对方的生活。彼此依靠，共同创造新的生活，一起规划未来，有共同的家庭目标，感情更加坚定和长久。

相爱的人一起走过春夏秋冬，岁月将成为爱情的最好见证。

在这场恋爱的旅程中，双方都学会了如何去爱、如何包容、如何理解和支持对方。爱情也在这一过程中不断地升华，最终成为生命中最宝贵的财富。

5.浪漫约会

好好恋爱，多多约会。

在谈恋爱的过程中，约会是增进彼此感情非常重要的方式。成功的约会，可以让双方更加了解彼此，增进感情，让恋爱关系更进一步。

下面是一些关于约会的建议，可以为恋人创造难忘的欢乐时光。

第一，文艺之旅。

电影之夜：选择看一部双方都喜欢并适合约会的电影，比如爱情、喜剧、科幻类。看完电影后，可以一起讨论电影的情节和自己的感受，借此了解彼此的人生观、价值观。

观看艺术表演：可以一起去听一场音乐会、演唱会，看一场话剧、舞台剧。

探访书店和图书馆：一起去探访各种富有格调的书店和图书馆。

参观展馆：可以预约参观彼此感兴趣的博物馆、美术馆、画展、艺术展览。文化体验是一种很有意义的约会方式，可以了解彼此的爱好和思想。

第二，放松之旅。

共进午餐或晚餐：选择一个适合约会的餐厅，菜品也要符合双方喜好的口味。在享受美食的同时，可以轻松聊天，了解双方的家庭、兴趣、工作、爱好等情况，也能知道两个人的口味是否一致。

公园漫步：城市里有大大小小的公园，可以相约在公园里散步、聊天、放风筝，既自由又没有经济负担。

游乐场：每个人都是长不大的小孩，可以在游乐场里度过难忘的一天。

还可以就近在咖啡店闲聊，小酒馆微醺，在轻松的氛围中一起度过闲暇时光，也是不错的选择。

第三，探索之旅。

出门旅行：旅行可以共同体验大自然的美妙，探索其他地方的不同文化。在旅行中，可以更清楚地了解对方的日常习惯，共同分享旅行的经验和感受，进一步加深彼此的了解和感情。

户外探险：这是一种神秘而刺激的约会方式。大家一起面对未知的恐惧，探索大自然的美妙与神秘，分享这份感动，拉近彼此的距离。

趣味娱乐：可以一起玩密室逃脱、剧本杀等有趣的娱乐项目，在参加活动的过程中增进感情。

谈恋爱约会的方式多种多样，每种方式都有独特的魅力。选择合适的约会方式，需要考虑双方的喜好和兴趣，同时，也要注意安全和舒适度。在约会中要保持真诚和耐心，尊重对方的想法和决定，这样才能让感情更加稳定和健康。

6.爱情保鲜

内外兼修，保持浪漫。

恋爱是基于情感和吸引力而产生的亲密关系，是两个人之间的深厚连接，就像化学物质的接触，一丁点儿的反应就会点燃他们的激情。

每段爱情的开始都是轰轰烈烈的，可是一旦感情无法保鲜，最终可能会惨淡收场。很多人为了保险，把结婚当作保护爱情的外壳。可是即使结了婚，如果不懂得让爱情保鲜，婚姻就成了束缚自由的牢笼。再多枷锁，也拦不住想逃向外面的人。

“爱情保鲜”一直是亲密关系里的重要话题，那么怎么才能让爱情“保鲜”呢？怎样才能让两个人获得长久的爱情和稳定的幸福呢？

良好的沟通是维持健康恋爱关系的基础。遇到问题，不要总觉得自己是绝对正确的，要以包容的心态对待对方，诚实地交流双方的真实想法、感觉和期望，认真倾听对方的表达，尊重对方的观点。信任对方，少抱怨，多理解，有助于增进彼此的理解。

如果两个人同在一个屋檐下，却无话可说，这样的感情怎么可能维持长久？两个人的关系出现问题，一定要及时解决，把内心的想法告诉对方，不要让对方猜，不要觉得别人一定能懂自己，不要把问题憋在心里。哪怕偶尔吵架，也胜过无声的冷战。吵架是恋人之间的常事，毕竟每个人都有不同的经历和立场，相处时难免会产生矛盾。吵架不可怕，可怕的是冷战。及时的沟通可以让对方知道自己的所思所想，换位思考，减少误解。

当两个人相爱的时候，一个人看到了美丽的景色，马上就会想到拍照分享给对方，什么好东西都会想着第一时间跟对方分享。然而，当爱情变淡的时候，就完全没有了分享的欲望。感情要靠两个人一起经营，当其中一个人放慢了脚步，另一个人也会不由自主地退缩。请与相爱的人一起保持一颗分享的心，赞美对方，定期回顾以前的感动瞬间，让感情变得更加深厚。

保持个人的独立空间，在恋爱关系中也非常重要。热恋中的两个人恨不得天天黏在一起，但是时间长了会产生疲劳。我们不要过于依赖对方，要给彼此留一些私人空间。每个人都要有自己的空间，有自己喜爱的工作，有自己的社交圈子，两个人要找到彼此依赖和各自独立之间的平衡。在恋爱关系中，既尊重对方的隐私，又要有独立的个人空间。亲密而有间，有助于维持健康稳定的长期关系。

恋人关系与其他亲密关系最大的不同，是因为恋人关系中有浪漫的感觉。在生活中，两个人需要保持一些浪漫的仪式感，比如在某些特别的日子给对方送上一份惊喜。让对方惊喜，关键是创意与新意。有创意与新意，一定会让爱的种子继续发芽。爱情需要不断地呵护和滋养，请保持浪漫，时时拥抱对方，感恩对方的陪伴，让浪漫的氛围为你们的爱情保驾护航。

7.恋爱的寒冬

体面分手，好聚好散。

在人生舞台上，两性关系始终是一场引人入胜且充满挑战的演出。两性关系既可以是温馨浪漫的爱情故事，也有可能演变成激烈的冲突与矛盾。处理好两性关系，对于每个人的幸福至关重要。

不管恋爱多么甜蜜，总会有人因为各种原因离你而去。爱情的巨轮说沉就沉，有时会让人措手不及。但大部分的恋爱寒冬并不是瞬间到来的，而是经过日积月累的降温，最终造成了不可挽回的局面。在分手之前，情侣之间常常会有一些预兆。

冷漠和疏远是分手前明显的迹象之一。当恋人不再积极回应你，不像从前那样关心你，对原来在意的事变得无所谓，开始逃避一些责任，开始对你变得冷漠和疏远，甚至表现出不耐烦，这些现象都表明两个人的感情很可能出了问题。

当恋人开始对你保持沉默，不愿意与你分享生活和心事时，很可能是因为对你失去了信任或者没有了感情。彼此之间的分享是维系感情的重要方式之一，如果这种分享的欲望都没有了，那么感情就很容易出现裂痕。

亲密接触是维系感情的重要方式之一，如果恋人不再愿意和你亲密接触，那么对你的爱恋之情很可能已经消失，也许已经对你失去了兴趣，或者有了其他选择。

频繁的争吵也是分手的前兆。当两个人之间的矛盾和分歧越来越多，而且无法达成共识，那么分手的可能性就会增加。同一件事，在双方互有好感时都会包容和忍让，尽量避免产生分歧，都想营造美好的恋爱氛围。但是，如果两个人或者其中一个人不再深爱对方，遇到一点儿微小的琐事，也会变成争吵的导火索，双方总想争个输赢，无端地指责彼此的缺点。频繁的争吵会消耗两个人之前打下的感情基础，让彼此感到疲惫和不安。

如果伴侣有以上一些表现，那么就需要及时采取行动，了解原因并尝试解决问题。如果经过努力修复，问题依然存在，那么也许应该接受现实，勇敢地放手。分手后再次复合的男女朋友或配偶，大多数的最终结局还会是分手。如果无法复合，就让自己重新开始一段新的生活吧！

失恋会让人产生各种情绪反应。体面的分手，让恋爱双方在结束一段关系时，还能保持对彼此的尊重和友好，避免不必要的争执和伤害。

如果要与恋人谈分手，可以选择一个安静、私密的地方面对面交流，这样可以表达诚意，也能更好地沟通。要诚实而温和地表达感受，清楚地告诉对方你为什么想要结束这段关系，并且要注意措辞，不要让对方感到被攻击或贬低。给对方机会表达他们的感受和想法，积极倾听，并给予适当的回应。即使分手的原因比较复杂，也尽量不要指责或抱怨对方，将重点放在关键问题而不是个人错误上。明确未来的关系，讨论是否保持普通的友好关系，或者再也不见。

分手之后，双方都需要一些时间来调整情绪，因此要尊重对方的意愿，不要强求立即变成朋友。双方要理解分手可能带来的情绪波动，给彼此情绪恢复的空间和时间。为了避免日后不必要的联系，可以在合适的时候交换或归还属于对方的重要物品。如果有需要，可以寻求朋友、家人或者专业人士的帮助，以便顺利度过这段时期。

保持理智，体面分手，用相对平静和成熟的方式结束关系，可以保留过去美好的回忆，同时也为各自的新生活做好准备。

第七章

应对挑战与变化

1.接受不可避免的一切

“练好内功，勇于竞争”，是成功的臂膀。

生活如同波涛汹涌的大海，而我们就像在大海中航行的船只。每一个人，都要不断地在风浪中寻找平衡。在前进的道路上，总会遇到艰难险阻，使我们置身于无数的挑战与变化之中。面对的挑战可能是事业上的瓶颈，也可能是生活中的变故。变化是人生道路上不可避免的一部分，它驱动着我们进步，也迫使我们走出舒适区。

无论成功还是失败，只要向前走，都是在通往成功的道路上。乐观地设想，悲观地计划，坚定地执行。遇到挫折后，转个弯再加速，你会发现自己潜力无限。

面对未知的一切，让我们以积极和开放的心态去迎接挑战，迎接艰难困苦，迎接失败后来之不易的成功。原地内耗、畏缩不前只会让我们陷入困境，而乐观的心态则能帮助我们看到问题中的机遇。既然变化是不可避免的，那么就多去看看变化可以带来的有利之处。比如，在职业生涯遭遇挫折时，消极的人会怨天尤人，而积极的人会将其视为自我提升和学习的契机。

无论变化带来的是好处还是不利，接受变化是最重要的一步。面对变化，我们需要放下过去的束缚，接受新的事物，并付诸行动。随着科技的发展，我们必须不断地更新知识储备，努力跟上时代步伐。这不仅包括学习新的专业技能，也涵盖对新领域、新观念的了解和接受，从而在思维上保持开放与创新。

遇到新的挑战，要灵活应对，这意味着我们要培养多方面的技能。很多知识和技能是相通的，平日的积累可以助你灵活应对新的变化与挑战，适应不同场合和需求。能在变化中脱颖而出的，肯定是自身具有实力的勇者。“练好内功，勇于竞争”，是成功的臂膀。

如果遇到突发的意外，也不要太沮丧，大家可以学学电视剧里霸道总裁的气势。这些霸道总裁总是表现得那么自信，觉得什么事在他手里都是小菜一碟。遇到意外时，他们总是一副“事情开始变得有趣”的态度，多酷！也许笑一笑解决不了当前的问题，但是可以让你解开皱紧的眉头，让你更好地思考如何应对未来。

一心想“兴复汉室”的诸葛亮虽志愿未竟，但流芳千古，因为他为了达成自己的目标而付出了最大的努力。有些人很幸运，得到上天的眷顾，取得了很大的成就。有些人可能时运不济，如果就此陷入沮丧之中，从此一蹶不振，浪费了人生，那才是一种悲哀。

如果笑不出来，那么想哭的时候就哭吧。有时哭泣不是因为脆弱，而是因为坚强的太久。该生气时，就去生气，找个安全地方发泄出来！真正可以让我们内心强大的，是哭泣后露出的笑容，是遇到挫折和经历苦难后焕发的重新面对生活的勇气和信心。

人生如山，充满了艰难险阻；人生如海，布满了风涛波浪。只有具有大智大勇的人，脚下才有路。优秀的飞行员如果选择了蓝天，就不要渴望永远风和日丽。请直面生命中的起起伏伏，在低谷的时候，想想曾在山顶看到过的风景，然后撸起衣袖，继续攀登。

虽然挑战与变化无可避免，但通过调整心态，灵活应对，不断学习，仍然可以乘风破浪，一往无前，最终实现自我价值，创造出新的成就。在这个过程中，我们不仅经历了成长，更展示了生命本身的韧性与精彩。

2.不要内耗

内耗的人明明什么都没做，却总感觉筋疲力尽。

内耗，本来的意思是某个装置本身所消耗掉的、没有对外做功的能量。内耗是一种内部的能量耗费，是因内部的纠葛而造成的无谓的消耗。现在，内耗常常被人们用来描述一种什么都没做，却总感觉筋疲力尽的状态。

在一个团队里，如果大家都不愿意坦诚地交流和分享，互相之间总是产生摩擦和矛盾，就跟齿轮卡壳一样，团队合作推进起来就很费劲，这属于“组织内耗”。

在人与人交往的过程中，大家表面上看起来和和气气，私底下却不断揣摩推测，心里总有各种疙瘩，长此以往，这些负面情绪就会像无形的小偷，悄无声息地偷走我们与人交往的乐趣和投入的精力，这就是“人际内耗”。

说到“心理内耗”，你是否经常感觉虽然有很多事情需要去完成，但是自己总是在反复纠结，犹豫不决，或者因为各种烦琐的事情、人际关系矛盾和坏情绪消耗掉自己的时间和精力，一天结束，发现自己什么也没干，这就是自己的内心消耗掉了自己的能量，这就是“心理内耗”。陷入“心理内耗”的人，心里极度消极、焦虑和不安，时时感觉到心累，虽然没干什么，却有一种深深的劳累感。

“内耗”就是那些本该用作办正事的精力、时间或激情，因为内部的各种矛盾和不协调，被悄悄“偷”走了。“内耗”会让你感觉身心疲惫，工作和生活质量大打折扣。

一个内耗的人，遇到事业或生活上的变故时，还没接受挑战，就已经开始漫无边际地胡思乱想，想象出来的困难比实际遇到的困难复杂得多。这样的人不是勇敢去面对挑战，而是无限期地拖延。知道事情必须完成，就是无法转化为行动，幻想用情绪来抵抗现实，这其实是一种自我对抗。

有一对夫妻，他们买了一栋别墅。男主人非常喜欢在小院里看看花草，在小区里溜达参观别人家的房子。但是一回到自己新买的房子里，看着楼上楼下很多需要维修的地方，男主人就眉头紧锁，不知如何办才好。他平时不太喜欢与陌生人交往，属于我们现在所说的“社恐”。他总想着这些东西肯定不好修，没法修，担心维修完不美观，看看能不能凑合用，却从来没找过一个师傅上门维修和换新。

每当妻子跟他说缺什么电器，有家具需要维修时，他都会说出一大堆拒绝的理由。比如，“别修这个热水器，万一通往不同楼层的管道漏水怎么办，那就麻烦了，过段时间再说”“别买遮阳伞，万一被大风吹跑了怎么办”。一提到需要做事时，他就说“到时候再说”。他总觉得这些事非常麻烦，把它们想得无比困难，遇事总是往后一拖再拖。

后来，妻子觉得遇到这么内耗的人，让男主人动手是指望不上了，只能自己出面解决这些问题。她给了自己两个月的时间，必须在到期前搬进去。于是，她上网查找各类信息，遇到困难咨询邻居，每天都计划好第二天要解决的问题。咨询专业人士、测量、采买、寻找施工人员、搬运、拆装、擦洗……很快，别墅维修工程就开工了。

之后，妻子又购买了电器、家具，每天忙得不可开交。但是男主人总是说，“你买这么多东西干什么，到时候住进来缺什么再买就行”。妻子对他的性格非常了解，也不再与他理论。妻子自己用两个月时间基本完成了全屋的维修和物品添置，虽然每天从早到晚筋疲力尽，但非常有成就感。两个月的时间结束了，他们终于在计划到期时搬进了别墅。

这一对夫妻就是典型的性格互补，一个是内向又内耗，一个是从不内耗，行动力强。我们做一件事的时候，难免会遇到这样那样的困难和挑战。遇到问题并不可怕，可怕的是面对问题顾虑重重，从不采取行动。很多时候人们就是庸人自扰，自己把自己逼到崩溃。内耗，是阻挡我们走向成功最大的绊脚石。

内耗的人明明什么都没做，却总感觉筋疲力尽，内心充满了不满和抱怨。不满自己的现状，又无法静下心来踏踏实实地去做一件事。当他们看到别人取得成功时，又开始自怨自艾。其实真正让人感觉累的不是做了多少事，而是应该做却没有做带来的情绪负担。

从此刻起，不要羡慕别人，拒绝内耗，不要以为其他人很容易就取得了成功。如果你感觉心很累，那是因为你什么都没做就为没发生的事焦虑，为自己虚构出来的结果担忧，为已经发生过的事自责。

想到什么就去行动吧，身体上的累比心累好受多了。不要让内心的斗争和冲突，干扰你的生活和事业。接受所有的不完美，有风和日丽，必定会有雨雪风霜。那些你以为可以降临到自己身上的好事，其实是需要靠努力去争取的。

别再让自己陷入情绪内耗。向前走，去行动，总会找到一条有光的道路。

3.更换赛道

独具慧眼，发挥优势。

在职场中遇到巨大的变化和挑战时，“更换赛道”也是一种有效的应对策略。通过更换赛道，可以避免在当前的困境中做无谓的挣扎，可以寻找新的发展机会和发展空间。更换赛道不仅是为了应对短期的挑战，更是为了长期的个人职业发展。

热门赛道常变常新。经济发展、社会变革、技术进步、需求变化，许多因素都会导致热门赛道发生变化。我们无法准确预测和判断哪些领域是持续性好的热门赛道，但可以提升自己的硬实力，将自己塑造成多面手，以不变应万变。有时候，投资自己比投资行业更加重要。

我们身处多元化的社会，拥有比以前更多的机会。有时候，我们在某一个行业里长期发展会变得很艰难，有人认为是自己能力不行，其实跳出这个圈子，变换赛道，反而可以发掘自己更大的能力和价值，实现更大的成功。

有这么一则寓言。在一条旅游景点人行步道上，有一块红色的砖非常显眼，因为它周围的砖全是黄色的，只有它是红色的。它一直觉得自己是一块被铺错的砖，常常感到自卑和孤独，觉得自己格格不入。周围的砖也总是嘲笑它，看不起它，经常对它说：“你就不应该出现在这里。”

可是，路过的游人并不这么想。他们觉得自己发现了一块特别的砖，经过时还故意要走到这块红砖上，觉得这样做可以给自己带来好运。于是，这块砖变成了一块最热门的砖，很多人在这里拍照打卡。这块自卑的砖最后成了一块明星砖，不仅能用来铺路，还能为大家“添福”。在这条路上，它成了最耀眼的存在。

很多时候，我们不要着急给自己下定义。也许你与别人不同的、别人认为有瑕疵的地方，换一个角度看，会成为你人生中的一个闪光点。

新闻里提到一个卖炒面的小伙子，他每天卖炒面，怎么卖力宣传，甚至天天用换新锅来宣传，都卖不出去太多。后来，有人看他炒面的锅特别好，炒菜、炒面都不粘锅，都希望可以从他那里买锅。他发现了自己新的商机和盈利方式，于是更换赛道，从厨师变成了卖锅的师傅。通过卖各种被他开过的锅，让他的事业兴旺了起来。

从案例中可以看到，在遇到挑战时，更换一条新的赛道，很可能会为自己开辟一条康庄大道。

更换赛道，关键在于明确自己的优势和劣势。在选择新的赛道时，要清楚地了解自己的技能、经验和兴趣，同时也要了解大环境，尽量选择那些能够发挥自己优势的领域。同时，也要认识到自己的不足之处，以便在新赛道上不断地学习和提升。

如果你准备跳槽，那么可以查找新公司的年报、财报，搜索媒体上的相关信息，确保自己对新公司的企业文化、核心价值、核心业务、组织架构、利润情况等有深入了解，再进一步思考该公司面对哪些挑战，增长中遇到了哪些问题。对症下药，准备解决方案，可以为自己进入新赛道做充分的准备。

在更换赛道的过程中，保持积极的心态和坚定的信心是非常重要的。挑战是成长的机会，可以从中学到新的知识和经验，也能不断地提升自己的能力和素质。

如果我们能抓住机遇，实现自我突破，在新的赛道上一定能获得前所未有的收获。

4.提高逆商

对生活事件的反应可以塑造我们的大脑。

心理学家认为，一个人的成功必须具备高智商、高情商和高逆商这三个要素。智商是一个人成功的基础，情商决定了他成功的下限，而逆商决定了他成功的上限有多高。

当代社会，人们承担着较大的学习压力、工作压力、就业压力，以及不断涌现的新的挑战。有的人缺乏人生经验，抗压能力较差，面对突如其来的困境和越来越重的压力，很容易陷入消极情绪里走不出来。新闻中时不时就会报道某个人因为失恋、工作变故，或因为家庭矛盾等造成精神崩溃，引发自残、自杀或危害公共安全的事件。

每个人都会有痛苦与挣扎的时候，但是，面对逆境，有的人畏缩不前，推诿抱怨，有的人却能乐观面对，逆势奋起，从而铸就了不同的人生。在智商和情商相差不多的情况下，逆商对一个人的事业与生活的成功起着决定性的作用。

逆商又称逆境商数或挫折商数，是由美国心理学家保罗·斯托茨于 1995 年首次提出的。它是指人们在面对逆境时的反应能力，即面对挫折、摆脱困境和超越困难的能力。逆商与情商和智商并列，共同构成人类三大商数。他提出构成逆商的四个因素，简称 CORE，即掌控感（control）、担当力（ownership）、影响度（reach）、持续性（endurance）。这四个维度对人们在逆境中保持坚韧和乐观起着核心作用。

当逆境来袭时，一个人的逆商越高，就越有可能认识到某种影响局面的方式（掌控力），自己会挺身而出，让它变得更好（担当力），还会察觉到它的范围是有限的（影响度），时间是短暂的（持续性）。一个人的逆商越低，感知到的掌控感就越少，在面对困境时，就会觉得影响深远，持续时间会很长，他的担当力也就更小。

苹果公司创始人乔布斯，在面对困难和挫折时，展现出了超高的逆商。他曾经被自己创立的公司赶出去，但他并没有放弃，而是利用这个机会去追求自己的梦想，创办了皮克斯动画公司。最终，他又回到苹果公司，并带领公司取得了更大的成就。

遭遇一件悲惨的事，逆商高的人会说：“我们还会有新的生活，还有需要我们的人，我们必须振作起来！”逆商低的人则会无比沮丧："完了，一切都完了，我无能为力，什么都没了。"逆商低的人，遇到问题时很容易被挫败感击溃；逆商高的人，遇到困难时会愈挫愈勇，具有化逆境为机遇的能力，这种抗压能力有助于他们在学习和工作中更好地应对压力和挑战。处理问题最有效的人会主动承担起责任，而不论这种逆境是因何而起的。

要知道，我们感知和体验事件的方式可以改变大脑的物理结构，对生活事件的反应可以塑造我们的大脑。如果从现在起，我们启动新的思维模式，改善应对逆境的方式，也许可以塑造一个属于自己的全新世界。

尼采曾说："一切美好的事物都是曲折地接近自己的目标，一切笔直都是骗人的。"我们要善于从逆境中寻找可以吸收的经验教训，为下一次出发储备能量。要告诉自己，那些逆境会让我们变得更强大。

5.处理事情的七问分析法

用七个问题理清思路。

在面对棘手的问题时，我们的大脑很容易一片空白。心里知道有很多事情要做，却不知道从哪里下手。这时可以通过七问分析法让自己理清思路，对存在的问题和需要做的事做一个相对清楚的分析。

七问分析法又叫“5W2H 分析法”，该方法不仅对我们做决策和执行有帮助，也有助于弥补我们考虑问题的疏漏。

下面一起来看看 5W2H 都代表了什么。

（1）What——内容：什么事。可以用定性、定量的语言来描述并确定具体的事物和问题。

（2）Who——谁：谁做、与谁相关。要识别并确认事情的关键人物，知道谁是主角和配角。

（3）When——何时：什么时间做。了解事情发生的时间点，分析处理问题最合适的时间。

（4）Where——何地：在哪里做。要知道事情发生或准备解决的地点。

（5）Why——为什么：做这件事的目的，为什么要做。可以分析一下原因，是否必须做，可不可以不做，有没有替代方案。

（6）How——怎么做：如何实施。分析实现的方法。

（7）How much——多少：做到什么程度。要了解或制订各方面的标准，比如数量、质量、费用产出等。

在回答这七个问题的过程中，如果有不能令人满意的答案，则表示这方面还有改进的余地。如果哪方面的答案有独创的优点，可以扩大这方面的优势。

上述的七个问题里，“如何做”这一部分往往是最费时间和精力的，该问题直接决定了我们能否完成目标。“如何做”不仅要求我们提出具体实施的多种方案，还要把对应的关键步骤梳理清楚并罗列出来，确保我们对整个事项有清晰的认知，在执行的时候才不至于发生疏漏。

5W2H 分析法也可以用在设计新产品或者调研领域。比如你所在部门的产品需要更新迭代，就可以通过这七个问题来为新产品的研发方向把好第一关：① What（这是什么产品？）② Who（这是给谁设计的？）③ When（用户在什么时间用？）④ Where（用户会在哪些地方用？）⑤ Why（用户为什么需要它？）

⑥ How（怎么做这个产品？）⑦ How much（这个产品的成本是多少？定价是多少？）

在个人发展中，这个分析法同样有用。比如自己的目标是什么（What），谁是实现目标的关键人（Who），追求目标的时间从何时到何时（When），实现目标的地点在哪里（Where），为什么要去实现这个目标（Why），实现目标的方式是什么（How），实现目标需要多少资源和资金（How much）。通过对自己的提问，可以帮我们找到答案，也有助于规划个人成长路径。

借助这些分析方法，可以更清楚地了解一个事件的本质，抓住主体框架。该方法易于理解和使用，有助于思路条理化，为自己或团队解决问题提供有力的支持。

6.寻求支持

用他人的力量突破自己的极限。

一个人的力量是有限的，想要在事业上获得成功，除了靠自己的努力奋斗之外，还要善于借助他人的力量。无论是古代的政治斗争、军事征战还是现代的商业竞争，善于借助他人力量的人，往往能够取得更大的成功。

刘邦有八个皇子，为了争夺太子之位，各皇子及其母亲之间展开了激烈的明争暗斗。刘邦的爱姬戚夫人想要刘邦废除太子刘盈（吕后的儿子），改立自己的儿子如意为太子。

吕后为了保住儿子的太子地位，找张良帮忙。张良建议吕后请四位隐居的贤人出山，并让太子经常请这四人赴宴。刘邦看到这一情景，认为刘盈为人恭敬仁孝，连天下名人都慕名而来，因此打消了废太子的念头。

在碰到困难时，我们可以在自己的社会支持网络里寻求帮助。社会支持网络指的是个人能够获得的各种社会支持，比如金钱、资源、情感、友谊等。这个网络可以包括家人、朋友、同事、某个团体等。当我们面临压力和焦虑时，好友的一句鼓励，往往能带来莫大的力量。

有一位攀岩爱好者，每一次成功登顶，都让他对攀岩的热爱更加深厚，同时也激发了他挑战更高难度的决心。随着技术的日益精进，他开始尝试攀登一些难度更高的岩壁。有一次，他选择了一座曾让许多经验丰富的攀岩者都折戟的山峰，他决心要征服这座山峰。

前半程都很顺利，可是，在快要登顶的时候，由于心情太激动，一脚踏空，向下滑了一段才稳住。此时抬头向上一看，距离登顶还有很长一段距离，顿时失去了继续攀登的信心。之后，他慢慢地冷静下来，不断地给自己打气。他想起一位前辈曾经鼓励他的话："小伙子，攀岩不仅仅是一项运动，更是一种生活态度。它教会我们如何面对困难，如何坚持不懈，如何超越自我。这些经历，会让我们变得更加坚强和自信。我相信，只要你心中有梦，脚下就有路。"

他回想起自己第一次攀岩时的那种激动和兴奋，那种与大自然亲密接触的感觉，那种战胜困难后的成就感……这一切，都让他重新找回了对攀岩的热爱和激情。

强有力的社会支持网络，一定是我们平时用心建立起来的。增加交往的主动性，是建立社会支持网络的基础。平时与人交往的过程中，要将心比心，推己及人，尊重别人，增加交往的主动性。多看别人的优点和积极面，善于发现他人的优势。这是对他人价值体系的认同，也是发展良好关系的基础。还可以通过参加感兴趣的社交活动，寻找志同道合的朋友。

在职场上，我们更需要处理好复杂与多变的人际关系，良好的团队关系可以帮助我们克服工作中的困难。以工作中积极面对挑战的人为榜样，通过学习他们的应对方式，提升自己的信心和应对能力。

如果有问题不想透露给熟人，可以寻求专业人士的帮助，比如心理咨询师、职业规划师等，这也是一种比较合适的选择。

总的来说，向外寻求帮助不仅是一种人生智慧，也是自我照顾和心理成长的表现。通过别人的视角和他人的力量，可能会打开原本未曾预见的光明之路。

7.拓宽视野

广阔的世界让你豁然开朗。

在这个多变的时代，如果想在遇到全新的挑战时可以深入地思考，还能胸有成竹地应对，需要在平时拓宽自己的视野。关注自己所处行业的最新趋势，了解相关领域的发展动态，培养多元化的兴趣和能力，都可以增强我们的适应力和创造力。

在困境中，广阔的视野可以帮助我们找到新的突破口。那么我们应该如何拓宽自己的视野呢?

阅读是我们学习别人经验的最佳方式之一，我们应该多花些时间在阅读书籍上。阅读不仅可以让我们收获专业领域的知识、技能，还能丰富阅历，滋润内心。阅读还可以让我们学到有益的思维模式，自己一直不明白的事情，可能会在阅读别人的经历时得到解答，让我们豁然开朗。

旅行也是一种很好的拓宽视野的方式。在旅途中可以领略不同的文化，深刻地了解历史，见识新的环境，体验自然之美，激发自己的求知欲，对于世界和人文的多样性有更加深刻的体会。当我们遇到困境时，那些走过的路、读过的书，可能会帮助我们渡过难关。

学习新技能，可以让我们获得新的视角。无论是学习一项行业里的新技能，还是学习一门语言，都会带给我们新的思路。

参加社会活动也能拓展我们的视野。无论是自己专业的行业集会、志愿者服务、社交娱乐，还是体育锻炼，都能让我们与不同的人接触、交流和互动，为我们提供了解社会、了解行业的视角。

参观艺术展，观看戏剧表演，听音乐会，听脱口秀等，使我们有机会与艺术家和创作者进行互动，领略到他们对世界的独特见解和充满艺术的表达方式，提升我们在处理问题时的审美能力和创造力。

要打破惯性思维，关注社会和行业最新发展与趋势，多接触新科技、新媒体，与时俱进。另外，也要敢于走出舒适圈，尝试做自己觉得困难的事情，不断地挑战自己。

拓宽视野是一个持续的过程，要求我们保持好奇心、开放心态和持续学习的态度。通过不断地接触和了解新事物，可以不断地丰富自己的内心世界，提升个人素养，并更好地适应这个快速变化的世界。

第八章

智慧生活

1.追寻理想的生活

生活的理想，是为了理想的生活。

人生的道路漫长且充满了不确定性，我们终其一生都在寻找自己理想的生活。有的人从小就有很清晰的生活目标，并早早地开始为之奋斗，但大多数人都是在不同的阶段不断尝试和探寻自己的生活目标。能实现自己理想中的生活，是每个人的愿景。

我们应该遵循内心，勇敢追梦。无论对科技、艺术感兴趣，还是喜欢音乐、体育，勇于追求自己的梦想，是实现理想生活的唯一途径。通过追求自己真正喜欢的事物，才能找到属于自己的快乐，理想的生活离不开自己的热爱。

每个人对成功和幸福的定义都不一样，有的人追求事业的辉煌，有的人注重家庭的温暖，还有的人向往自由的探索与旅行。每个人都可以定义属于自己的成功标准，不要被别人的标准、他人的期待所束缚。以自己喜欢的方式活出精彩的人生，就是理想的生活。

有一位朋友，曾经在一家企业做总经理，收入颇丰，工作也很得心应手。但是不久后他辞职了，想自己创业，开拓一番事业。他开了一家公司，在创业的过程中经历了很多坎坷，几近破产，不过最终他还是艰难地撑了下来。

很多人不理解，他明明在原来的公司做高管，工作稳定，收入又高，为什么还要冒风险自己出来创业。但是这位朋友觉得目前从事的就是自己一直追求的、想做的事情，再苦再累，也算是实现了自己的理想。

白天辛苦地为自己最喜爱的事情忙碌，晚上陪着孩子骑骑车，散散心，这就是他理想的生活。理想的生活不仅仅是物质上的富足和享受，更是精神上的满足与安宁。

追寻理想的生活，是一个非常个性化的旅程，涉及人们对自我规划、人生目标的设定以及持续的努力与调整。

首先，人要明确自己的理想。每一个人都需要花点时间了解自己，思考自己真正热爱什么，以及希望在生活中实现什么，然后将这些思考转化为具体、可衡量的目标。追寻理想的过程中，难免会遇到困难和挑战。在困难和挑战面前，要保持积极的心态，将其视为成长的机会。只要有进步，无论进步大小，都值得庆祝。经常庆祝自己的进步，也有助于保持动力，增强自信心。

理想生活的定义可能会随着时间和经历的变化而变化，对此应保持开放的心态。每个人在追求理想生活的过程中，都有必要定期回顾自己的发展历程，思考是否需要调整方向或改变策略。健康的身体是实现理想生活的基石，要保持规律的锻炼，均衡饮食，充足睡眠。同样重要的还有心理健康，大家要学会管理压力，培养积极的心态，必要时寻求专业帮助。在追求理想的时候，大家不要只关注结果，也要享受追求理想生活的过程，因为每一次尝试、每一次失败，都是宝贵的人生财富。

我们心中的理想生活，可能是有亲人照顾，爱人依靠，有朋友陪伴，也可能是有事业可打拼。理想的生活并非遥不可及，它是在我们每天的努力中一步一步实现的。我们勤奋工作，是为了实现自己的事业理想；我们关爱家人，是为了营造一个温馨的家庭氛围；我们不断学习，是为了提升自己的认知水平。我们坚持付出的每一个小小行动，都在为实现自己的理想生活打下稳固的基础。

每个人的理想生活都是独一无二的，重要的是找到让自己感到幸福和满足的生活方式。

2.平衡家庭与事业

家庭和事业，是人生中最重要的两件事。

工作是生活的一部分，在我们追求理想生活的旅途上，工作能为我们提供经济来源。家庭也是生活中重要的一部分，亲人、爱人或子女，让我们觉得自己在世上有了依靠，也有了可以去爱的对象。没有一个幸福美满的家庭，我们就像漂泊的小船，找不到避风的港湾。追求成功的事业和幸福的家庭，是人生中最重要的两件事。

许多人在平衡事业和家庭的矛盾问题上，都遇到了困惑，尤其是在有孩子以后。当我们在企业里大展身手，事业有成时，往往会发现自己与家庭产生了距离，对家人缺少照顾，对孩子缺少陪伴。当我们全心照顾家庭时，往往又会在事业上投入不足。一个人的时间和精力是有限的，对越来越多的年轻父母来说，平衡工作和家庭生活是一项艰巨的挑战。

怎么才能平衡好两者的关系呢？首先要与伴侣和孩子建立良好的沟通，畅快地表达自己的感受和对未来的计划。在家庭里要建立愉快的夫妻和亲子关系，同时也要让每个人都有自己的空间和时间。夫妻二人可以商量和规划自己在家庭中的角色，以及各自在事业上的未来发展，分配好每个人负责的家庭事务，共同参与家务劳动和家庭活动。互相支持，互相配合，才能让家庭和睦美满。家里积极和放松的氛围，有助于减轻工作和生活的压力，在工作时也能百分之百全心投入。工作之余，也可以有家人高质量的陪伴。

时间管理在平衡事业与家庭的关系上至关重要。要提前为自己的工作和家庭事务做好规划，分配好自己花在工作和家庭上的时间，同时给自己留出一些时间。巧用时间管理工具，如按照紧急和重要性来安排任务的优先级，并在手机上设置提醒功能，确保自己顺利执行。

有的工作会存在很多不确定因素，可能会占用到更多时间，这就需要与家人积极沟通。在自己不太忙的时候，多花些时间陪伴家人。有人说过，人群中，只有那些从容地为生活留出时间的人，才算真正活着。那么，给自己的时间做好预算，才能成就完美的事业和美满的家庭。

小李是在某公司任项目经理的职场女性，她不仅要在职场上打拼，还要在家中扮演好母亲的角色。她的孩子正在上小学，正处于渴望妈妈陪伴的关键时期。在面对家庭和事业的双重压力时，她没有放弃任何一方，而是通过自己的智慧和努力，找到了平衡之道。

在工作中，她总是提前规划，确保项目顺利进行。遇到需要加班时，她与领导进行坦诚的沟通，将部分工作以居家办公的方式完成。孩子入睡后，她还可以在静谧夜晚继续完成工作任务，既不担心错过与孩子相处的亲子时光，也能高质量地完成自己承担的工作。每次因工作忙碌而不能陪在孩子身边时，她都会给孩子留一张充满爱意的小纸条。纸条上写着鼓励和赞美的话语，让孩子知道，即使妈妈不在身边，那份深深的爱也从未缺席。

在家庭中，小李同样是一位尽职尽责的母亲。她深知陪伴对于孩子成长的重要性，因此总是尽力挤出时间来陪伴女儿。睡前，她会和孩子一起阅读绘本，享受属于她们的温馨时光。周末，她会带着孩子参加户外活动，增进亲子感情。

在小李的努力下，她不仅在职场上取得了显著的成绩，还成了女儿心中最亲爱的妈妈。

事业给了我们成长和发展的平台，让我们有机会实现自我价值。事业上的成功可以为家庭带来更好的物质条件和更高的社会地位，提升家人的幸福感和家庭的稳定性。而家庭给了我们爱和温暖，和睦的家庭为我们投入事业提供更好的精神支持和情感依托。当事业和家庭发生冲突时，要做出权衡和抉择，努力实现两者的平衡。平衡家庭与事业，不仅关乎个人的幸福与满足感，更关系着社会的稳定。

通过制订合理的时间表，有效沟通，提升工作效率，分配家庭任务，适当放手，可以让我们更好地平衡事业与家庭之间的关系，实现事业和家庭的和谐共存。

3.保持松弛感

不对抗当下，不强求结果，不为难自己。

“松弛感”是近些年很流行的一个词，也是我们羡慕的一种心理状态。这个词源于一个女孩乘坐飞机时，遇到一家人出门旅游，因这个家庭里的妈妈没有登机，所有行李都被退回了。这个女孩预计这家人会在电话里大吵一架，结果飞机上的一家人完全没有生气，全程的气氛都非常松弛。就是这样一件看起来很不起眼的小事，引发了很多人的共鸣。

现在，在各种节目和比赛里，这个词的使用率极高。如果谁的表现让人看着很舒服，大家就会用“松弛感”来夸赞他，这也说明很多人缺乏松弛感。当下无数成年人，无论是身体上还是心理上，不管出于何种原因，总是让人感觉他们处于紧绷状态。很多人的生活就像上了无时限的发条一样不停地运转，一刻也无法松弛下来。如果一直处于紧绷状态，不仅会内心焦虑，把自己周围的气场变得很严肃，让人感觉疲惫，还会造成做事情的正确率和效率低下，与他人的关系紧张，甚至敏感易怒。

拥有松弛感的人，对一件事情无能为力时，具备不拧巴、不内耗、不纠缠以及与自己和解的能力。松弛感被许多人视为一种理想的生活态度，它有助于减少不必要的焦虑，提高个人的情绪管理能力和应对突发事件的能力。

我们在与朋友相处时，可以有意地寻求他人的认可，但不必刻意掩饰自己的弱点，不必过分担心自己的言行是否完美，不必为了一句话辗转反侧睡不着觉。事情既然发生了，事情本来就是那样，不必为难自己，要求自己把任何事都做到完美。不必耗尽心力去生活，最终反而被生活耗尽了自己。我们需要自然地表达自己的想法和感受，同时也要尊重他人的观点。平和与互相理解，可以让周围的人感到轻松自在，愿意与我们深入交流。

那么，我们如何才能获得松弛感呢?

（1）通过各种运动和冥想等放松训练，让身体进入一种舒适、轻松的状态，减轻肌肉的紧绷感，促进身心健康。

（2）消除冲突、压力和焦虑等负面情绪，放下心理包袱，保持平静和愉悦的心情。

（3）寻找生活中的乐趣，如读书、看电影、参加集体活动等，让自己感到愉悦、轻松。

（4）保证足够的睡眠，有助于身体、心理上的松弛和放松。

（5）与家人、朋友多交流，从中可以找到情感寄托，舒缓紧张情绪。

（6）学会接受自己的优点和缺点，不要过分苛求自己或自责，保持一种平和的心态。

（7）学会调节情绪。在消极情绪袭来时，可以通过听音乐、运动等方式来缓解。

接纳自己的缺点和优点，允许自己和别人犯错。错误可以让我们弥补自己的盲区，对自己来说也是一种进步。让内心安定下来，松弛感也会随之而来。

4.保持身心健康

你已承受了太多，要好好关怀自己。

虽然我们脑海里总有纷乱的事务想着要处理，虽然我们不断地面临新的挑战，虽然总有人惹得我们火冒三丈，但我们永远要保持清醒与平和。除了生死，其余都是小事。不管遇到多大的压力，都需要让自己冷静下来，乐观面对。保护好自己的身心健康，才是最重要的事。

研究表明，很多得了疾病的患者，都有相同的情绪和行为反应模式。他们总是压抑自己的感受，难以拒绝他人，不敢表达愤怒，这让自己承受了巨大的压力。长期的心理压力会破坏我们的免疫系统，导致疾病的发生。发生疾病，这是身体在向我们做出反抗，身体症状是对我们的一种警示："你已经承受了太多，你要好好关怀自己了。"有一句有名的口号是："快乐是生活的解药。"

的确，快乐是一味“药”，它不仅能预防身体疾病，也能治疗我们的不如意。

保持身心健康，说起来简单，做起来并不容易。我们不仅要保持乐观开朗的心态，也需要均衡饮食，规律作息，坚持体育锻炼。生活中的不顺利会让我们心情低落，越是这个时候，越要照顾好自己。好好吃饭，好好睡觉，出去走一走，跟朋友聊一聊，看看自己喜欢的节目，可以帮助自己度过低潮期。当一切不可逆、不可控时，不妨随它去！

现在身边有很多人会为了减肥而节食，肚子经常饿得咕咕叫。节食虽然能暂时减轻体重，付出的却是营养不良、身体免疫力低下和新陈代谢紊乱等代价。唯有合理安排饮食，均衡营养，加上持续性的体育锻炼，才能保持身体健康。

保持身心健康需要从多方面入手，身体方面，应该均衡饮食，适量运动，规律作息；心理方面，应该培养积极心态，学会放松；社交方面，应该与家人、朋友和同事建立良好的关系，及时倾诉，学会倾听。只有身心健康，才能书写更加壮阔的人生。

5.做个情绪稳定的人

接受发生的一切。

情绪，是一个人受到外部或内心刺激时产生的反应。比如，我们不小心把蛋糕打翻在地，会感到生气；被他人批评时，会感到委屈或愤怒；想到自己做的荒诞事，会感到害羞或羞耻；看到自己喜欢的人，会感到开心……这些都是情绪。情绪像水，稳定的情绪像涓涓细流，让人感到宁静与美好，不稳定的情绪则像汹涌的波涛，让人心神不宁。

不管是哪种情绪，都包含五个基本元素。

一是认知评估。这是我们对发生的外部刺激或内心想法的基本评价，这会影响到接下来是产生消极情绪还是积极情绪。

二是身体反应。身体反应是躯体对认知评估做出的反应，比如脸红、出血、呼吸加快等。有的人长期忽视自己的身体，可能察觉不到这些变化，但是长期压抑自己的情绪，很可能会引起身体疾病。

三是主观感受，比如悲痛、愤怒、焦虑、兴奋等。我们一般都是在这个阶段才意识到自己的情绪。敏感的人可能在情绪很细微时就已经察觉，而不敏感的人可能在别人询问他是不是焦虑或愤怒时，才意识到自己的情绪。

四是情绪表达，比如语调升高、说话急促、面部表情的变化等，这是在向别人传达自己对一个事情的态度或意向。不过，情绪表达也会受到社会文化的影响。比如，大家不太接受男性表达悲伤、委屈，这其实是对男性情绪的一种压抑。

五是行动倾向，这也是情绪流程的最后一步。情绪导向行动，如果我们能根据自己的情绪适当行动，情绪就得到了疏解。如果因为一些现实的原因没办法转为行动，就会感到这个情绪没有释放出去。现实生活中，大家可以找到一些相对安全、健康的方式去疏解自己的情绪，比如体育锻炼、登山、唱歌等。

我们在激动、愤怒、焦虑等情绪下，常常无法说清自己的感受，这时可以写下来，记录引起这些情绪的事件、感受和原因，以及自己采取的行动等。通过不断地记录，我们会明白自己讨厌什么，需要什么，以后该如何处理类似的事情。另外，记录的同时也帮我们理清了思路，可以说是一种很好的情绪宣泄方式。

谁都想做一个情绪稳定的人。说到“情绪稳定”这个词，可能大家都觉得不应该有负面情绪，其实负面情绪与正面情绪一样重要。遇到负面情绪时，无论男女都可以通过哭泣、主动沟通、脱离现场、找人倾诉、客观归因、勇于求助，或以安全健康的方式发泄负面情绪。负面情绪释放完毕后，大家还要满怀激情地投入到生活中。

抱怨会使自己的情绪恶化，让人陷入一种自己制造出来的情境之中。抱怨不会带来多少正面的效应，反而会让我们的心情越来越坏。其实很多时候，我们在抱怨生活时，是因为我们总是对生活不断提出过高的要求。遇到这种情况要摆正心态，告诉自己生活本来就是如此，生活本来就有苦有甜，我们依然需要向着希望的方向努力。世界就像一面镜子，你皱着眉看它，它也会皱眉看你；你笑着对它，它也笑着看你。

一个人的涵养和行事风格，决定了是否可以成为可塑之才。要成为人上人，除了常识与能力之外，还需要恰当处理个人情绪。情绪处理得好，可以将阻力化为助力，化解危机，获得新的转机。若情绪处理得不好，很容易激怒他人，产生一些非理性的言行举止，轻则误事受挫，重则违法乱纪。

接受生活的不可控，接受一切事情都可能发生，相信一切问题都可以顺利解决，对发生的一切心存感激，才会有稳定的情绪。情绪稳定，是人生中最高级的修养。

6.为生活留白

减法的美，美在让生活变得轻盈自在。

留白是艺术作品的一种创作手法，也是中国美学的精髓之一。在作品中有意留下相应的空白，能够给人留下想象的空间，产生此处无物胜有物的效果。

在东方美学的宝库里，留白不仅是一种技巧，更是一种哲学，一种生活的艺术。“静故了群动，空故纳万境。”苏轼的寥寥数语，便道出了留白的深邃意境。因为虚静才能懂得万物的变化，因为空明所以接纳万事之境界。我们持有空静的心态，才能明察群动，容纳万境。

人的内心就像一间房子，清走杂物，扫净尘埃，心境便会变得豁然明朗。君子的快乐，在于简约而非繁复。要在居所中留下适当的空白，平衡取舍，留下最重要的。减法的美，美在让生活变得轻盈自在。

我们大多数人必须承认，自己始终生活在一个节奏快、要求高的社会里。在工作中，我们可以让自己每隔一段时间暂停下来，休息一小会儿，关注自己，用这些小小的留白时间调节内心的天平。我们需要给自己留出一些时间和空间，暂时远离信息爆棚的朋友圈和繁忙的工作。人生留白可以是一段不安排任何活动的时光，让自己单纯地发发呆，做做白日梦，静静地思考，以此放松自己疲惫的身心。

忙碌并不等于高效，有时给生活留白，跟自己独处，反而能让我们听到内心更多的声音，让自己走得更远。这些难得的留白时光，也在为我们创造自我改变的机会。

最理想的生活模式，是心流体验和留白时光交替。工作时，把精力集中在眼前的任务，获得愉悦的成就感。休息时，给自己制造留白的空间，让大脑在放松的状态下产生新的火花和灵感，给内心一次清理垃圾和重建的机会，这会让我们更从容地面对生活。

全力奋斗之余，也要适当休息，享受生命之美。可以耳听风吟，手抚花草，与自己聊聊天；可以来一场远行，让自己置身于山水之间；可以全身心投入一项运动，让渐显僵硬的肌肉重新找回弹性……慢下来，一定能提升幸福指数。

为人处世，不求穷尽，这是人生大智慧。与人相处，做事留有三分余地，才会有无限机会。共同生活的家人，给彼此留出恰到好处的空间，互相欣赏，互相体谅，感情才能持久生香。花半开最美，情留白最浓。

放下满载而归的执念，为生活留白，赋予生活以灵动，给予生活想象的空间。学会留白，简化生活，才能享受娴静时光，感受内心的宁静与自由。月盈则亏，水满则溢。将满未满，才是圆满。人生如一幅画卷，只有懂得留白的人，才能画出最有意境的风景。